高等院校规划教材·计算机应用技术系列

Visual FoxPro 数据库设计与应用实训

安晓飞　张　岩　司雨昌　主　编

罗　旭　杨　亮　裴若鹏　副主编

机械工业出版社

本书是机械工业出版社出版的《Visual FoxPro 数据库设计与应用》（ISBN 978-7-111-29121-3）的配套教材。全书包括实验篇和考试篇两部分。实验篇共分 10 章，每章内容与主教材对应，按照课堂教学内容和全国计算机等级考试上机考试题型精心设计，并对上机操作步骤做了详细说明，强调理论与实践相结合，重视应用能力的培养。考试篇主要针对全国计算机等级考试笔试设置，归纳了从 2004～2009 年全国计算机等级考试二级 Visual FoxPro 数据库程序设计笔试的真题，并做了详细的解析，以帮助学生加深对知识点的理解。

　　本书内容符合全国计算机等考试二级 Visual FoxPro 数据库程序设计考试大纲要求，重点突出，实例丰富，可作为高等学校非计算机专业学生"Visual FoxPro 程序设计语言"课的辅助教材，也可作为全国计算机等级考试二级 Visual FoxPro 数据库程序设计考试的复习用书。

图书在版编目（CIP）数据

Visual FoxPro 数据库设计与应用实训/安晓飞，张岩，司雨昌主编. —北京：机械工业出版社，2009.12

（高等院校规划教材·计算机应用技术系列）

ISBN 978-7-111-29123-7

Ⅰ. V…　Ⅱ. ①安…②张…③司…　Ⅲ. 关系数据库 – 数据库管理系统，Visual FoxPro – 程序设计 – 高等学校 – 教学参考资料　Ⅳ. TH126

中国版本图书馆 CIP 数据核字（2009）第 238886 号

机械工业出版社（北京市百万庄大街 22 号　邮政编码 100037）

责任编辑：赵　轩

责任印制：李　妍

北京振兴源印务有限公司印刷

2010 年 2 月第 1 版·第 1 次印刷

184mm×260mm·12.25印张·298千字

0001 – 3000 册

标准书号：ISBN 978-7-111-29123-7

定价：19.00 元

出 版 说 明

近年来，随着我国信息化建设的全面推进和高等教育的蓬勃发展，高等院校的计算机教育模式的不断改革，使计算机学科课程体系和教学内容更加科学与合理，计算机教材建设逐渐成熟。在"十五"期间，机械工业出版社组织出版了大量计算机教材，包括"21 世纪高等院校计算机教材系列"、"21 世纪重点大学规划教材"、"高等院校计算机科学与技术'十五'规划教材"、"21 世纪高等院校应用型规划教材"等，均取得了可喜成果，其中多个品种的教材被评为国家级、省部级的精品教材。

为了进一步满足计算机教育的需求，机械工业出版社策划开发了"高等院校规划教材"。这套教材是在总结我社以往计算机教材出版经验的基础上策划的，同时借鉴了其他出版社同类教材的优点，对我社已有的计算机教材资源进行整合，旨在大幅提高教材质量。我们邀请多所高校的计算机专家、教师及教务部门针对此次计算机教材建设进行了充分的研讨，达成了许多共识，并由此形成了"高等院校规划教材"的体系架构与编写原则，以保证本套教材与各高等院校的办学层次、学科设置和人才培养模式等相匹配，满足其计算机教学的需要。

本套教材包括计算机科学与技术、软件工程、网络工程、信息管理与信息系统、计算机应用技术以及计算机基础教育等系列。其中，计算机科学与技术系列、软件工程系列、网络工程系列和信息管理与信息系统系列是针对高校相应专业方向的课程设置而组织编写的，体系完整，讲解透彻；计算机应用技术系列是针对计算机应用类课程而组织编写的，着重培养学生利用计算机技术解决实际问题的能力；计算机基础教育系列是为大学公共基础课层面的计算机基础教学而设计的，采用通俗易懂的方法讲解计算机的基础理论、常用技术及应用。

本套教材的内容源自致力于教学与科研一线的骨干教师与资深专家的实践经验和研究成果，融合了先进的教学理念，涵盖了计算机领域的核心理论和最新的应用技术，真正在教材体系、内容和方法上做到了创新。另外，本套教材根据实际需要配有电子教案、实验指导或多媒体光盘等教学资源，实现了教材的"立体化"建设。本套教材将随着计算机技术的进步和计算机应用领域的扩展而及时改版，并及时吸纳新兴课程和特色课程的教材。我们将努力把这套教材打造成为国家级或省部级精品教材，为高等院校的计算机教育提供更好的服务。

对于本套教材的组织出版工作，希望计算机教育界的专家和老师能提出宝贵的意见和建设。衷心感谢计算机教育工作者和广大读者的支持与帮助！

机械工业出版社

前　　言

Visual FoxPro 6.0 数据库系统是新一代小型数据库管理系统的杰出代表，因其具有操作界面友好、功能强大、辅助开发工具丰富、语言简练、简单易学、兼容性完备、便于快速开发应用系统等特点，深受广大用户的欢迎。

Visual FoxPro 6.0 采用可视化、面向对象的程序设计方法，大大简化了应用系统的开发过程。Visual FoxPro 6.0 提供了大量的系统开发工具和向导工具，可以快速创建表单、菜单、查询和打印报表，使开发工作变得轻松自如。

本书是机械工业出版社出版的《Visual FoxPro 数据库设计与应用》（ISBN 978-7-111-29121-3）的配套教材。本教材强调实用性和适用性，内容由浅入深、循序渐进。考虑到高校学生参加全国计算机等级考试的需要，本书内容覆盖了全国计算机等级考试大纲二级 Visual FoxPro 数据库程序设计规定的全部内容。

全书包括实验篇和考试篇两部分。实验篇共分 10 章，每章内容与主教材对应，按照课堂教学内容和全国计算机等级考试上机考试题型精心设计，并对上机操作步骤做了详细说明，强调理论与实践相结合，重视应用能力的培养。除了验证性实验外，还设计了部分综合性实验。考试篇主要针对全国计算机等级考试笔试设置的，共分 10 章，每章包括知识要点、典型试题与解析、测试题、测试题答案四部分，其中知识要点包括了全国计算机等级考试大纲要求的相关知识点；典型试题与解析归纳了从 2004～2009 年全国计算机等级考试二级 Visual FoxPro 数据库程序设计笔试真题，并对每一题做了详细的解析，给出解题思路和技巧，以帮助读者加深对知识点的理解；测试题供读者练习和测试。

本书可作为高等学校本、专科 Visual FoxPro 程序设计语言课的辅助教材，也可作为全国计算机等级考试二级 Visual FoxPro 数据库程序设计的辅导教材。

本书由安晓飞、张岩、司雨昌担任主编，罗旭、杨亮、裴若鹏担任副主编，丁茜、黄志丹、王伟、王占军参与了本书的编写，全书由安晓飞统稿。

为方便教师教学和学生学习，本书有配套的实验素材和程序源代码，如有需要请与作者（anxiaofei2008@126.com）联系或从机械工业出版社网站 http://www.cmpedu.com 下载。

感谢读者选用本教材，由于编者水平有限，经验不够丰富，书中难免有错误和不足之处，敬请读者批评指正。

作　者

目　录

实 验 篇

第 1 章　Visual FoxPro 6.0 系统概述

实验 1.1　Visual FoxPro 6.0 的启动和退出

一、实验目的

1. 掌握 Visual FoxPro 6.0 的启动和退出。
2. 熟悉 Visual FoxPro 6.0 的系统开发环境。
3. 学会环境设置的方法。

二、实验内容

1. Visual FoxPro 6.0 的启动与退出。

利用"开始"菜单启动 Visual FoxPro 6.0，并用 5 种不同的方法退出 Visual FoxPro 6.0。

（1）启动 Visual FoxPro 6.0 的具体操作步骤如下。

① 单击"开始"按钮，选择"程序"→"Microsoft Visual FoxPro 6.0"→"Microsoft Visual FoxPro 6.0"命令，如图 1-1 所示。

② 启动 Visual FoxPro 6.0 后，出现如图 1-2 所示的界面，即 Visual FoxPro 的工作窗口。

图 1-1　启动 Visual FoxPro 的途径

图 1-2　Visual FoxPro 主界面

（2）退出 Visual FoxPro 6.0 的方法如下。

有多种退出 Visual FoxPro 的方法，常用的有以下 5 种。

① 选择"文件"→"退出"命令。

② 单击标题栏最右端的"关闭"按钮 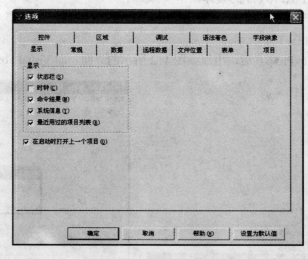。

③ 单击标题栏最左端的控制按钮，弹出下拉菜单，从中选择"关闭"命令。

④ 按〈Alt+F4〉组合键。

⑤ 在如图 1-2 所示的"命令"窗口中输入"QUIT"命令，然后按〈Enter〉键。

2．熟悉系统开发环境。

（1）打开和关闭系统工具栏。

查看"显示"菜单，其中会显示出与当前操作的文件类型相对应的常用工具。选择"工具栏"命令后，在弹出的"工具栏"对话框中，完成 "表单设计器"工具栏显示和隐藏的操作。

（2）关闭和显示命令窗口。

将命令窗口关闭，然后选择"窗口"→"命令窗口"命令进行显示。

（3）在命令窗口中输入"?3*4+8"，查看工作区及其显示结果。

3．配置 Visual FoxPro 的工作环境。要求如下：

● 在状态栏上显示时钟。

● 关闭警告声音。

● 表单中显示网格线和对齐格线，水平间距和垂直间距都为 15 像素。

● 日期格式使用年月日。

● 修改系统的默认目录为 D 盘中以自己的学号命名的文件夹。

【提示】在 D 盘上先创建一个文件夹，以自己的学号命名。

【提示】要对 Visual FoxPro 6.0 的工作环境进行配置，可选择"工具"→"选项"命令，弹出"选项"对话框，如图 1-3 所示。

图 1-3　"选项"对话框

第 2 章 数据与数据运算

实验 2.1 变量的赋值和显示

一、实验目的

掌握变量的赋值和显示操作。

二、实验内容

在命令窗口中输入如下命令，观察 Visual FoxPro 主窗口中的屏幕输出结果，将执行结果写在横线上。注意：每行命令以回车结束。

```
STORE 0 TO a1, a2, a3
? a1,a2,a3                          结果：_____
rq={^2009.10.05}
? rq                                结果：_____
c1='Visual FoxPro'
c2='计算机等级考试'
c3=80
? c1,c2,c3                          结果：_____
CLEAR
DIMENSION a (3),b (2,2)
a (1) =1
a (2) =.t.
a (3) ='abc'
b (1,1)=3
LIST MEMO LIKE a*                   结果：_____
? b(1,1),b(1,2)                     结果：_____
c="程序设计"
d=.T.
e={^2009.09.20}
? a(1),b(1,1),c, d                  结果：_____
?? e                                结果：_____
LIST MEMO LIKE ?                    结果：_____
RELEASE a*
LIST MEMO LIKE ?                    结果：_____
```

实验 2.2　表达式的使用

一、实验目的

掌握表达式的使用方法。

二、实验内容

1. 数值、字符和日期型表达式

在命令窗口中输入如下命令，将执行结果写在横线上。

命令	
? 11/4	结果：_____
? 13%5	结果：_____
? 5^3	结果：_____
x=SQRT(9)+2^3 - (1/4+3/8)*0.8	
? x	结果：_____
? "计算机□"+"网络"	结果：_____
? "计算机□"-"网络"	结果：_____
? DATE( )+50	结果：_____
? DATE( )-20	结果：_____
? DATETIME( )	结果：_____
? DATETIME( )+200	结果：_____
? {^2009/08/01}-{^2009/07/01}	结果：_____
? {^2009/10/01}+15	结果：_____

2. 关系表达式

在命令窗口中输入如下命令，将执行结果写在横线上。

命令	
? 180<=170	结果：_____
? 12>3	结果：_____
? "12">"3"	结果：_____
? "教授"$"副教授"	结果：_____
? "abc"="ABC"	结果：_____
? "A">"a"	结果：_____
? "abc"<"aBC"	结果：_____
? {^2009/08/01}>{^2009/07/01}	结果：_____
SET EXACT OFF	
? "计算机"$"计算机软件"	结果：_____
? "计算机"="微型计算机"	结果：_____
? "微型计算机"="计算机"	结果：_____
? "微型计算机"=="计算机"	结果：_____
SET EXACT ON	
? "计算机"$"微型计算机"	结果：_____
? "计算机"="微型计算机"	结果：_____
? "微型计算机"="计算机"	结果：_____

? "微型计算机"=="计算机"   结果:_____

3. 逻辑表达式

? NOT 3>4   结果:_____
? "a">"A" AND "1"+"2"="3"   结果:_____
? "abc"="a" OR "22">"5"   结果:_____

实验2.3 常用函数的使用

一、实验目的

掌握常用函数的使用方法。

二、实验内容

1. 数值型函数练习

在命令窗口中输入如下命令,将执行结果写在横线上。

? INT (152.7)   结果:_____
? ROUND(1025.2896,3)   结果:_____
? ROUND(1025.2896,0)   结果:_____
? ROUND(1025.2896,-1)   结果:_____
? SQRT(9)   结果:_____
? ABS(-324)   结果:_____
? ABS(324)   结果:_____
? MOD(20,3)   结果:_____
? MOD(20,-3)   结果:_____
? MOD(-20,3)   结果:_____
? MOD(-20,-3)   结果:_____
? MAX(5,6)   结果:_____
? MIN("x","y","M")   结果:_____
? MAX(5,6,MIN(2,4))   结果:_____

2. 字符型函数练习

在命令窗口中输入如下命令,将执行结果写在横线上。

? SUBSTR("计算机网络",7,4)   结果:_____
? SUBSTR("ABCDEFG",2,3)   结果:_____
? SUBSTR("Visual FoxPro 数据库管理系统",7,6)   结果:_____
? LEFT("Visual FoxPro",6)   结果:_____
? RIGHT("数据库管理系统",8)   结果:_____
? LEN("Visual FoxPro")   结果:_____
? LEN("数据库管理系统")   结果:_____
? LEN("数据库管理系统□□")   结果:_____
? LEN(ALLTRIM("数据库管理系统□□"))   结果:_____
? AT("yz","xyz")   结果:_____

```
?AT("t","internet",2)                      结果: _____
? UPPER('aBc')                             结果: _____
? LOWER('ABC')                             结果: _____
? LIKE("计算机*","计算机应用")                 结果: _____
```

3. 日期型函数练习
在命令窗口中输入如下命令，将执行结果写在横线上。

```
CLEAR
SET CENTURY ON
? DATE( )                                  结果: _____
SET CENTURY OFF
? DATE( )                                  结果: _____
? TIME( )                                  结果: _____
? YEAR(DATE( ))                            结果: _____
? MONTH(DATE( ))                           结果: _____
? CMONTH(DATE( ))                          结果: _____
? DOW(DATE( ))                             结果: _____
? CDOW(DATE( ))                            结果: _____
SET DATE TO YMD
? DATE( )                                  结果: _____
SET DATE TO DMY
? DATE( )                                  结果: _____
SET DATE TO AMERICAN
? DATE( )                                  结果: _____
```

4. 类型转换函数练习
在命令窗口中输入如下命令，将执行结果写在横线上。

```
? STR (5425.569, 8, 2)                     结果: _____
? STR (5425.569, 6)                        结果: _____
? STR (5425.569, 4, 2)                     结果: _____
? STR (5425.569, 3, 1)                     结果: _____
? VAL ("553.45")                           结果: _____
? VAL ("553A.45")+3                        结果: _____
? VAL ("A553.45")                          结果: _____
? CTOD("^2009/05/05")                      结果: _____
? DTOC({^2009/03/21})                      结果: _____
STORE CTOD ('02/17/09') TO STR1
? STR1+10                                  结果: _____
? ASC ("A")                                结果: _____
? ASC ('B')                                结果: _____
? ASC ('BCD')                              结果: _____
? ASC ("a")                                结果: _____
? CHR (98)                                 结果: _____
? CHR (94)                                 结果: _____
```

5．测试函数

在命令窗口中输入如下命令，将执行结果写在横线上。

? BETWEEN(15,1,99)	结果：_____
? BETWEEN("K","A","G")	结果：_____
? ISNULL(0)	结果：_____
? ISNULL(SPACE(3))	结果：_____
? ISNULL(NULL)	结果：_____
? EMPTY(0)	结果：_____
? EMPTY(SPACE(3))	结果：_____
? EMPTY(NULL)	结果：_____
? VARTYPE(123)	结果：_____
? VARTYPE("456")	结果：_____
? VARTYPE(.T.)	结果：_____
? VARTYPE(DATE())	结果：_____
? VARTYPE(TIME())	结果：_____

6．宏替换函数

```
x="3"
y="4"
z="&x+&y"
?z, "=",&z                              结果：_____
```

第 3 章　数据库与数据表

实验 3.1　数据库与数据表的建立

一、实验目的

1．掌握数据库的建立方法。
2．掌握表结构的建立和表记录的添加方法。
3．掌握表记录的浏览方法。

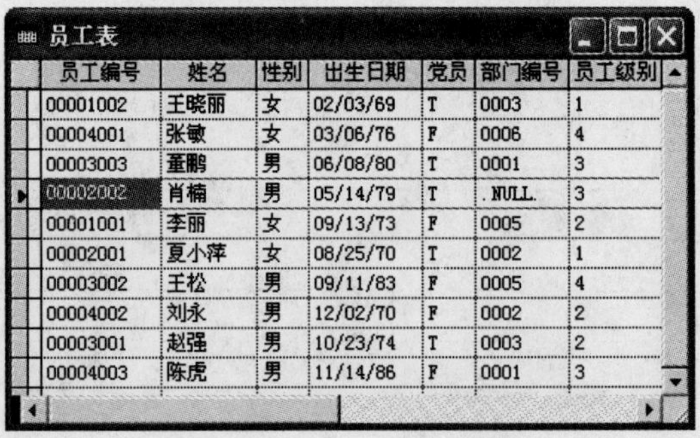

二、实验内容

建立如图 3-1 所示的“工资管理”数据库，部门表、员工表和工资表的记录分别如图 3-2、图 3-3 和图 3-4 所示。

图 3-1　“工资管理”数据库

部门表

部门名称	部门编号	部门描述
后勤	0001	memo
图书馆	0002	memo
教务处	0003	memo
财务处	0004	memo
保卫处	0005	memo
学生处	0006	memo

图 3-2　“部门表”记录

员工表

员工编号	姓名	性别	出生日期	党员	部门编号	员工级别
00001002	王晓丽	女	02/03/69	T	0003	1
00004001	张敏	女	03/06/76	F	0006	4
00003003	董鹏	男	06/08/80	T	0001	3
00002002	肖楠	男	05/14/79	T	.NULL.	3
00001001	李丽	女	09/13/73	F	0005	2
00002001	夏小萍	女	08/25/70	T	0002	1
00003002	王松	男	09/11/83	F	0005	4
00004002	刘永	男	12/02/70	F	0002	2
00003001	赵强	男	10/23/74	T	0003	2
00004003	陈虎	男	11/14/86	F	0001	3

图 3-3　“员工表”记录

工资表

员工编号	基本工资	津贴	公积金	扣款	应发工资
00001002	1500.00	1200.00	236.50	150.56	2312.94
00004001	1000.00	900.00	150.00	56.30	1693.70
00003003	1100.00	1000.00	165.50	85.30	1849.20
00002002	1200.00	1000.00	175.50	95.50	1929.00
00001001	1300.00	1100.00	200.00	110.30	2089.70
00002001	1450.00	1200.00	220.00	130.20	2299.80
00003002	1050.00	900.00	140.00	50.10	1759.90
00004002	1380.00	1150.00	230.30	140.00	2159.70
00003001	1250.00	1000.00	215.30	135.60	1899.10
00004003	1150.00	950.00	185.90	120.40	1793.70

图 3-4　“工资表”记录

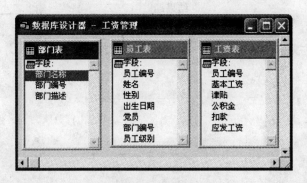

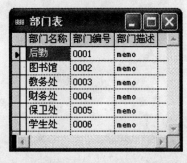

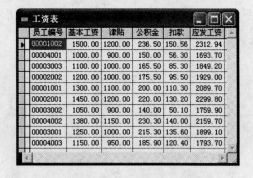

1. 在 D 盘自己学号的文件夹下建立"工资管理"数据库。

（1）在 D 盘建立以自己学号命名的文件夹。

（2）启动 Visual FoxPro。

（3）指定文件的保存位置为 D 盘自己学号命名的文件夹，并设置为默认文件夹。

【提示】选择"工具"→"选项"命令，切换到"文件位置"选项卡，修改默认目录为 D 盘自己学号文件夹，单击"设置为默认值"按钮，如图 3-5 所示。

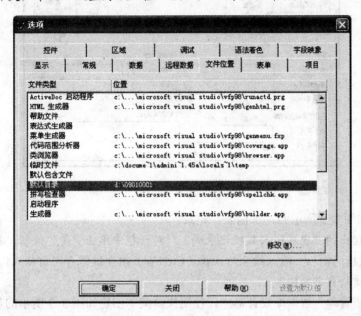

图 3-5　设置默认目录

【技巧】可以使用"SET DEFAULT TO D:\自己学号"命令设置文件的默认目录。

【思考】安装 Visual FoxPro 后，文件的默认目录是什么？

（4）建立"工资管理"数据库。

【提示】选择"文件"→"新建"命令，选择"数据库"选项，单击"新建文件"按钮，输入数据库文件名为"工资管理"，选择保存位置为自己的学号文件夹，单击"保存"按钮，完成数据库的建立并打开数据库设计器窗口。

2. 在"工资管理"数据库中建立如图 3-2 所示的部门表，要求立即输入记录。部门表的表结构如表 3-1 所示。

表 3-1　"部门表"表结构

字　段　名	类　　型	宽　　度	小　数　位	索　　引	NULL
部门名称	字符型	6			
部门编号	字符型	4			
部门描述	备注型	4			

（1）创建"部门表"表结构。

【提示】选择"文件"→"新建"命令，弹出"新建"对话框，选择"表"选项，单击"新建文件"按钮，弹出"创建"对话框，选择保存位置，输入表名"部门表"，单击"保存"按钮，打开"表设计器-部门表"对话框，如图 3-6 所示，输入表结构信息，单击"确定"按钮。

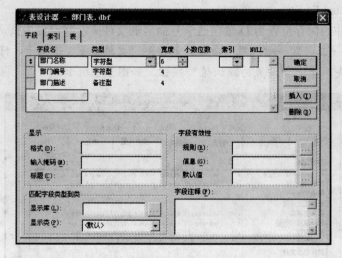

图 3-6 "表设计器-部门表"对话框

（2）输入如图 3-2 所示的"部门表"记录。

【提示】在弹出的"现在输入数据记录吗？"对话框中单击"是"按钮，打开输入记录窗口，完成表中数据的输入。输入结束后，按〈Ctrl+W〉组合键保存当前输入；按〈Esc〉键或〈Ctrl+Q〉组合键放弃当前输入。

3．在"工资管理"数据库设计器中，使用快捷菜单创建如图 3-3 所示的员工表。员工表的表结构如表 3-2 所示。

表 3-2 "员工表"表结构

字 段 名	类 型	宽 度	小 数 位	索 引	NULL
员工编号	字符型	8			
姓名	字符型	8			
性别	字符型	2			
出生日期	日期型	8			
党员	逻辑型	1			
部门编号	字符型	4			✓
员工级别	字符型	1			

要求：部门编号字段允许为空值，性别只能输入"男"或"女"，性别输入错误显示信息"输入错误"，性别的默认值为"男"，以追加记录方式输入记录。

（1）使用快捷菜单创建"员工表"表结构。

【提示】用鼠标右击"工资管理"数据库设计器的任意空白处，在弹出的快捷菜单中选择"新建表"命令，选择相应的选项，打开表设计器，输入表结构信息。

（2）设置"部门编号"字段允许为空。

【提示】将"部门编号"字段的 NULL 设置为 ☑，如图 3-7 所示。

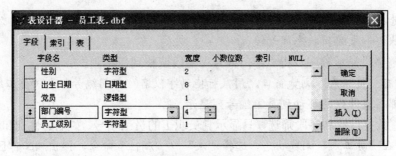

图 3-7 设置部门编号字段允许为空值

（3）设置"性别"字段的有效性规则。如图 3-8 所示，"规则"文本框中输入：性别="男" .OR. 性别="女"；"信息"文本框中输入："输入错误"；"默认值"文本框中输入："男"。

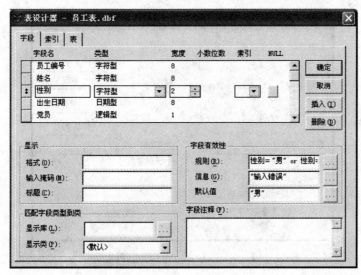

图 3-8 "性别"字段有效性规则

【提示】先用鼠标单击"性别"字段，然后在字段有效性选项区中进行设置。

（4）结束表设计器的设置，不立即输入记录。

（5）以追加记录方式为"员工表"输入如图 3-3 所示的记录。

【提示】"工资管理"数据库中已建立"部门表"和"员工表"两个表，选中"员工表"，选择"显示"→"浏览"命令，进入表浏览状态，然后选择"显示"→"追加方式"命令，系统会在表的末尾追加一条空记录，并显示一个输入框，输入第一条记录后，系统自动追加下一条记录。

【技巧】Visual FoxPro 中的空值不能在表浏览窗口直接输入.NULL.或什么也不输入，而是在需要输入空值的字段位置按〈Ctrl+0〉（Ctrl 键加零）组合键。

4. 浏览"员工表"，将部门编号字段调整到最左侧，只显示党员职工的员工编号、姓名、性别和党员信息。

（1）浏览"员工表"。

【提示】在"工资管理"数据库中用鼠标右击"员工表"，在打开的快捷菜单中选择"浏览"命令，进入表浏览状态，选择"显示"→"编辑"命令或选择"显示"→"浏览"命令，可在表浏览状态和表编辑状态间切换。

（2）调整字段显示顺序，将"部门编号"字段调整到最左侧。

【提示】在"员工表"浏览窗口，用鼠标拖动字段名"部门编号"到"员工编号"位置，松开鼠标，部门编号列将移动到员工编号列显示。

（3）设置数据过滤和字段筛选，只显示党员职工的员工编号、姓名、性别和党员的信息。

【提示】在"员工表"浏览状态，选择"表"→"属性"命令，弹出"工作区属性"对话框，如图 3-9 所示。在"数据过滤器"文本框中设置过滤条件"员工表.党员"，在"允许访问"选项组中选择"字段筛选指定的字段"单选按钮，然后单击"字段筛选"按钮，弹出"字段选择器"对话框，如图 3-10 所示。将要显示的字段添加到"选定字段"下，两次单击"确定"按钮。关闭员工表浏览窗口，再次打开员工表浏览窗口，显示的结果如图 3-11 所示。

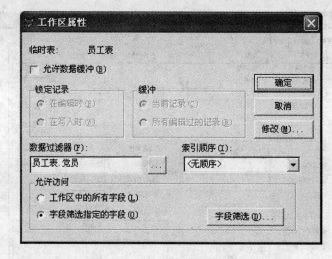

图 3-9　"工作区属性"对话框

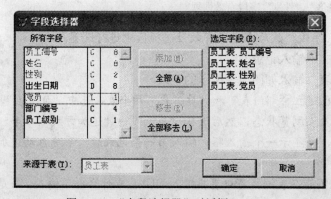

图 3-10　"字段选择器"对话框

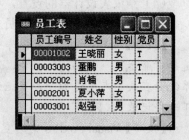

图 3-11　过滤和字段筛选后的员工表

5. 在"工资管理"数据库设计器中，使用"数据库"菜单创建如图 3-4 所示的"工资表"，"工资表"的表结构如表 3-3 所示。

【提示】选择"数据库"→"新建表"命令。

表 3-3　"工资表"表结构

字 段 名	类 型	宽 度	小 数 位	索 引	NULL
员工编号	字符型	8			
基本工资	数值型	7	2		
津贴	数值型	7	2		
公积金	数值型	7	2		
扣款	数值型	6	2		
应发工资	数值型	7	2		

实验 3.2　数据表的基本操作

一、实验目的

1．掌握表结构的修改方法。
2．掌握表记录的修改、删除和恢复方法。
3．掌握自由表的建立方法。
4．掌握数据库表和自由表的转换方法。

二、实验内容

1．打开实验 3.1 所建的"工资管理"数据库。

【提示】选择"文件"→"打开"命令，在文件类型下拉列表中选择"数据库"选项。

2．修改"部门表"的表结构，增加"办公地址"字段，字符型，10 位宽度，将"部门编号"字段移动到"部门名称"字段位置。

【提示】用鼠标右击"部门表"，在弹出的快捷菜单中选择"修改"命令，打开如图 3-6 所示的"表设计器–部门表"对话框，光标定位到部门描述字段下面，输入相应信息。鼠标拖动字段名左侧的 ↕ 按钮，可移动字段。

【思考】如何删除"部门描述"字段？

3．修改"工资表"记录，将员工编号为"00004001"的职工津贴改为 1200 元，将所有职工的基本工资增加 100 元。

【提示】用鼠标右击"工资表"，在弹出的快捷菜单中选择"浏览"，在"工资表"浏览窗口中直接修改津贴字段值。选择"表"→"替换字段"命令，弹出"替换字段"对话框，进行相应的设置，如图 3-12 所示。

【技巧】如果修改表中的个别字段值，可在表浏览状态下直接修改，如果批量修改表中的字段值，可在"替换字段"对话框中完成。

【思考】作用范围必须选 ALL 吗？

4．为"员工表"追加一条记录，员工编号输入"99999999"，姓名输入"赵阳"。

【提示】在表浏览窗口中选择"表"→"追加新记录"命令

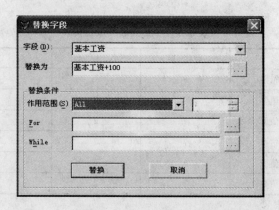

图 3-12 "替换字段"对话框

5. 为"员工表"中姓名为"赵阳"的记录添加删除标记，并物理删除。

【提示】在"员工表"浏览窗口，用鼠标单击记录删除标记的位置，为记录添加删除标记，选择"表"→"彻底删除"命令，物理删除带有删除标记的记录。

6. 逻辑删除"员工表"中 1970 年 12 月 31 日之前出生的员工记录。

【提示】在表浏览窗口，选择"表"→"删除记录"命令，设置"删除"对话框，如图 3-13 所示。

7. 恢复逻辑删除的所有记录。

【提示】在表浏览窗口，选择"表"→"恢复记录"命令，设置"恢复记录"对话框，如图 3-14 所示。

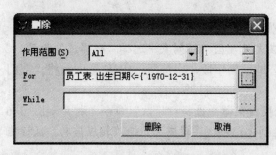

图 3-13 "删除"对话框

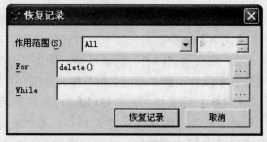

图 3-14 "恢复记录"对话框

8. 在员工表中查找"肖楠"的记录。

【提示】在表浏览窗口，将光标定位到第 1 条记录，选择"编辑"→"查找"命令，在"查找"对话框中完成操作。

9. 建立自由表"设备表"。"设备表"记录如图 3-15 所示，表结构如表 3-4 所示。

设备编号	设备名称	设备价格	部门编号
0901	计算机	3000	0001
0902	打印机	500	0002
0903	饮水机	300	0003

图 3-15 "设备表"记录

表 3-4　"设备表"表结构

字　段　名	类　　型	宽　度	小　数　位	索　　引	NULL
设备编号	字符型	4			
设备名称	字符型	10			
设备价格	数值型	6			
部门编号	字符型	4			

【提示】先关闭数据库，在命令窗口执行命令"CLOSE DATABASE"，然后选择"文件"→"新建"命令建立表结构。

10．将自由表"设备表"添加到"工资管理"数据库中。

【提示】打开"工资管理"数据库，在数据库设计器窗口中用鼠标右击空白处，在弹出的快捷菜单中选择"添加表"命令。

11．从"工资管理"数据库中移出"部门表"。

【提示】在"工资管理"数据库设计器窗口中右击"部门表"，在弹出的快捷菜单中选择"删除"命令，弹出确认移去或删除表对话框，如图 3-16 所示，单击"移去"按钮，将"部门表"从数据库中移出，变为自由表。

【思考】若单击"删除"按钮，磁盘上还会有部门表吗？

图 3-16　确认移去或删除表对话框

实验 3.3　表的索引和关联

一、实验目的

1．掌握使用表设计器建立索引的方法。
2．掌握建立表间永久性联系的方法。
3．掌握数据库表的参照完整性设置。

二、实验内容

1．在"工资管理"数据库的"员工表"中建立索引。

（1）打开"工资管理"数据库，打开"员工表"表设计器窗口。

【提示】右击"员工表"，在弹出的快捷菜单中选择"修改"命令，弹出"表设计器-员工表"对话框。

（2）按"部门编号"字段降序建立普通索引，按"员工编号"字段升序建立主索引，索引名和索引表达式相同。

【提示】在表设计器的"字段"选项卡下，选择某个字段"索引"列表框中的"↑升序"或"↓降序"，则在对应字段上建立普通索引，索引名和索引表达式相同。如果要将索引定义为主索引、候选索引或唯一索引，则需切换到"索引"选项卡，然后从"类型"下拉列表框中选择索引类型。

（3）按"性别"+"出生日期"字段升序建立主索引，索引名为 sdate。

【提示】为表中多个字段组成的表达式建立索引，需要在"索引"选项卡中完成，如图 3-17 所示，索引名输入"sdate"，类型选择"普通索引"，表达式设置为"性别+dtoc(出生日期)"。

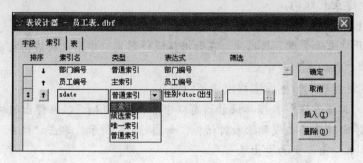

图 3-17　"索引"选项卡

2. 删除索引名为 sdate 的索引。

【提示】在"索引"选项卡中选中要删除的索引，单击"删除"按钮。

3. 在"工资管理"数据库中，通过"员工编号"字段建立"员工表"和"工资表"间的永久联系；通过"部门编号"字段建立"部门表"和"员工表"间的永久联系。

（1）为"员工表"、"工资表"和"部门表"建立如表 3-5 所示的索引。

表 3-5　表文件的索引类型

表　　名	索 引 类 型	关键字表达式
员工表	主索引	员工编号
	普通索引	部门编号
工资表	候选索引	员工编号
部门表	主索引	部门编号

【提示】"员工表"和"工资表"按"员工编号"字段建立的关联是一对一关系，被关联子表"工资表"需按"员工编号"字段建立主索引或候选索引；"部门表"和"员工表"按"部门编号"字段建立的关联是一对多关系，被关联的子表"员工表"需按"部门号"字段建立普通索引。

（2）鼠标拖动索引标识建立永久联系。

【提示】用鼠标选中父表"部门表"的主索引标识"部门编号"，拖动至子表"员工表"的索引标识"部门编号"处，松开鼠标，两表之间产生一条连线，"部门表"和"员工表"间的永久联系建立完成。用同样的方法建立"员工表"和"工资表"间的永久联系，如图 3-18 所示。

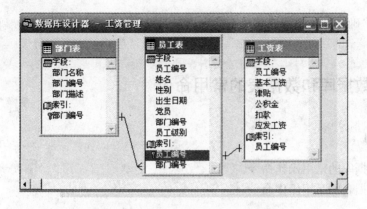

图 3-18　建立关联的工资管理数据库

【思考】如何取消永久联系？

4. 为"工资管理"数据库的"部门表"和"员工表"，"员工表"和"工资表"设置参照完整性规则，更新规则为"级联"，删除规则为"级联"，插入规则为"限制"。

（1）清理数据库

【提示】选择"数据库"→"清理数据库"命令。在清理数据库时，如果出现如图 3-19 所示的提示对话框，表示数据库中的表处于打开状态，需要关闭表后才能正常完成清理数据库操作。可以选择"窗口"→"数据工作期"命令，在"数据工作期"窗口中关闭表。

图 3-19　清理数据库出错对话框

（2）打开"参照完整性生成器"对话框，"更新规则"设置为"级联"；"插入规则"设置为"限制"，"删除规则"设置为"级联"。

【提示】选择"数据库"→"编辑参照完整性"命令，弹出"参照完整性生成器"对话框，设置相应的规则，如图 3-20 所示。注意，两个联系的参照完整性都需要设置。

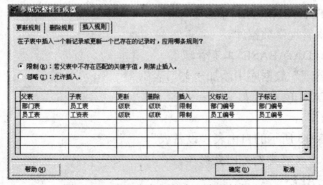

图 3-20　设置表之间的参照完整性规则

（3）单击"确定"按钮，连续两次弹出"参照完整性生成器"对话框，确认后即完成参照完整性设置。

实验 3.4 数据库和数据表的常用命令

一、实验目的

1．掌握数据库的常用操作命令。
2．掌握数据表的常用操作命令。

二、实验内容

说明：本节实验所用的数据库为实验 3.1 所建的"工资管理"数据库，所有命令需要在命令窗口中输入。

1．数据库操作命令

（1）打开"工资管理"数据库。

【提示】在命令窗口中输入：OPEN DATABASE 工资管理

【说明】OPEN DATABASE 命令执行后，数据库被打开，但数据库设计器并没有显示，要想显示数据库设计器，应使用 MODIFY DATABASE 命令。

（2）将"工资管理"数据库中的"部门表"、"员工表"和"工资表"移出，变为自由表。

【提示】REMOVE TABLE 部门表
　　　　REMOVE TABLE 员工表
　　　　REMOVE TABLE 工资表

（3）关闭"工资管理"数据库。

【提示】CLOSE　DATABASE

（4）建立"学生管理"数据库。

【提示】CREATE DATABASE 学生管理，或 MODIFY DATABASE 学生管理。

（5）删除"学生管理"数据库。

【提示】关闭数据库后才能删除数据库。
　　　　CLOSE ALL
　　　　DELETE DATABASE 学生管理

（6）打开"工资管理"数据库。

【提示】OPEN　DATABASE 工资管理

（7）在"工资管理"数据库中添加"部门表"。

【提示】ADD TABLE 部门表

2．表的基本操作。

（1）建立如图 3-15 所示的自由表"设备表"。

【提示】建立自由表前要先关闭数据库。
　　　　CLOSE ALL
　　　　CREATE 设备表

按〈Enter〉键后，打开"设备表"的表设计器对话框，定义表结构，输入记录。

（2）表结构的基本操作。

① 复制"部门表"的表结构，生成"部门表结构"。

【提示】USE 部门表

　　　　COPY STRUCTURE TO 部门表结构

② 修改"部门表结构"的表结构，增加"员工人数"字段，数值型，2位宽度。

【提示】USE 部门表结构

　　　　MODIFY STRUCTURE

③ 浏览"部门表结构"的表结构。

【提示】LIST STRUCTURE 或 DISPLAY STRUCTURE。

（3）复制"部门表"记录，生成"部门表备份"。

【提示】USE 部门表

　　　　COPY TO 部门表备份

（4）向"部门表备份"中添加数据。

① 打开"部门表备份"，在末尾追加一条记录"团委，0007"。

【提示】APPEND

② 在"部门表备份"的第一条记录前插入一条记录"人事处，000"。

【提示】GO TOP

　　　　INSERT BEFORE

（5）打开"员工表"，使用命令方式显示指定记录内容。

① 浏览所有非党员的记录。

【提示】BROWSE FOR NOT 党员

② 显示所有1980年1月1日以后出生员工的员工编号、姓名和性别。

【提示】LIST FOR 出生日期>{^1980-01-01} FIELDS 员工编号,姓名,性别

③ 显示5号记录至末尾的所有记录。

【提示】GO 5

　　　　LIST REST

④ 显示3至5号记录中所有性别为"男"的记录。

【提示】GO 3

　　　　LIST NEXT 3 FOR 性别="男"

（6）打开"员工表"，将记录指针定位在不同的位置，测试函数 BOF( )和 EOF( )的值。

在命令窗口中输入如图3-21所示的命令，观察命令的运行结果。

（7）打开"工资表"，修改表中的记录。

① 将所有员工的基本工资增加10%。

【提示】REPLACE ALL 基本工资 WITH 基本工资*1.1

② 将公积金小于200元的员工的公积金增加10元。

【提示】REPLACE ALL 公积金 WITH 公积金+10 FOR 公积金<200

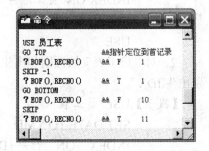

图3-21　测试 BOF()和 EOF()函数的值

（8）打开"员工表"，删除表中的部分记录。

① 逻辑删除员工级别为 4 的记录。

【提示】DELETE FOR 员工级别="4"

　　　　LIST

② 恢复逻辑删除的记录。

【提示】RECALL　ALL

　　　　LIST

③ 物理删除性别为女的记录。

【提示】DELETE FOR 性别="女"

　　　　PACK

　　　　LIST

④ 删除所有记录。

【提示】ZAP

【思考】删除所有记录后，函数 BOF( )和 EOF( )的值分别是多少？

实验 3.5　数据表的索引和查询命令

一、实验目的

1．掌握表的索引命令。

2．掌握表的查询命令。

3．掌握建立表间临时关联的方法。

二、实验内容

对自由表"员工表"、"工资表"进行如下操作。

1．对"员工表"按"员工编号"为关键表达式建立单索引文件"员工表编号.IDX"。

【提示】USE 员工表

　　　　INDEX ON 员工编号 TO 员工表编号

　　　　LIST

　　　　USE

2．对"员工表"按性别和出生日期两个字段组成关键表达式建一个索引文件"员工表性别出生.IDX"。

【提示】USE 员工表

　　　　SET DATE TO YMD

　　　　INDEX　ON　性别+DTOC(出生日期) TO 员工表性别出生

　　　　LIST

　　　　USE

【说明】若在建索引文件的关键表达式中同时出现字符型、数值型或日期型两种以上的数据时，则要用转换函数使其数据类型一致。通常用函数 STR( )将数值型数据转换成字符型数据；用函数 DTOC( )将日期型数据转换成字符型数据。

3. 对"员工表"分别按员工编号、姓名、出生日期字段建立结构复合索引，其中员工编号为唯一索引，其余为普通索引。

【提示】USE 员工表

INDEX ON 员工编号 TAG 员工编号 UNIQUE

INDEX ON 姓名 TAG 姓名

INDEX ON 出生日期 TAG 出生日期

USE

【思考】上面命令执行后，生成结构复合索引，索引文件名为员工表.CDX 吗？

4. 打开结构复合索引"员工表.CDX"，按不同索引顺序显示表记录。

【提示】USE 员工表

LIST

SET ORDER TO 姓名

LIST

SET ORDER TO 员工编号

LIST

SET ORDER TO 出生日期

LIST

USE

【说明】前面已经建立结构复合索引"员工表.CDX"，打开表"员工表"时结构复合索引自动打开，但由于没有指定控制索引，此时浏览表记录的顺序仍是记录的物理顺序。用 SET ORDER TO 命令指定结构复合索引中的某个索引标记为控制索引后，浏览表记录的顺序将按照控制索引的顺序显示。

5. 在"员工表"中，顺序查找姓名为"李丽"的记录。

【提示】USE 员工表

LOCATE FOR 姓名="李丽"

DISPLAY

6. 在"员工表"中，顺序查找员工级别为"1"的所有记录，并逐个显示。

【提示】LOCATE FOR 员工级别="1"

DISPLAY

CONTINUE

DISPLAY

7. 索引查找姓名为"赵强"的记录。

【提示】SET ORDER TO 姓名

SEEK "赵强"

DISPLAY

8. 索引查找 1970 年 12 月 2 日出生的员工。

【提示】SET ORDER TO 出生日期

SEEK {^1970-12-02}

DISPLAY

9. 将自由表"员工表"和"工资表"以员工编号为关键字段建立一对一的临时关联，运行结果如图 3-22 所示。

记录号	员工编号	姓名	B->基本工资	B->津贴	B->公积金	B->扣款	B->应发工资
1	00001002	王晓丽	1500.00	1200.00	236.50	150.56	2312.94
2	00004001	张敏	1000.00	900.00	150.00	56.30	1693.70
3	00003003	董鹏	1100.00	1000.00	165.50	85.30	1849.20
4	00002002	肖楠	1200.00	1000.00	175.50	95.50	1929.00
5	00001001	李丽	1300.00	1100.00	200.00	110.30	2089.70
6	00002001	夏小萍	1450.00	1200.00	220.00	130.20	2299.80
7	00003002	王松	1050.00	900.00	140.00	50.10	1759.90
8	00004002	刘永	1380.00	1150.00	230.30	140.00	2159.70
9	00003001	赵强	1250.00	1000.00	215.30	135.60	1899.10
10	00004003	陈虎	1150.00	950.00	185.90	120.40	1793.70

图 3-22　一对一关联

【提示】在命令窗口输入如下命令：

```
SELECT 2
USE  工资表
INDEX ON  员工编号  TO   员工编号        &&按员工编号字段建立索引
SELECT 1
USE  员工表                              &&打开父表
SET RELATION TO  员工编号  INTO B        &&建立一对一关联
LIST  员工编号,姓名,B.基本工资,B.津贴,B.公积金,B.扣款,B.应发工资
```

【思考】如何取消临时关联？

实验 3.6　综合应用练习

一、实验目的

掌握数据库、数据表的综合应用。

二、实验内容

【练习 3-1】在练习 3-1 文件夹下完成下面的操作。

1. 打开数据库 PROD_M 及数据库设计器，其中的两个表已建立索引，为这两个表建立永久性联系。

2. 设置 CATEFORY 表中"种类名称"字段的默认值为"饮料"。

3. 为 PRODUCTS 表增加字段：销售价格（N,8,2）。

4. 如果所有商品的销售价格是在进货价格基础上增加 18.98%，计算所有商品的销售价格。

【练习 3-2】在练习 3-2 文件夹下完成下面的操作。

1. 将"销售表"中的日期在 2000 年 12 月 31 日前（含 2000 年 12 月 31 日）的记录复制

到一个新表"销售表 2001.DBF"中。

2．将"销售表"中日期在 2000 年 12 月 31 日前（含 2000 年 12 月 31 日）的记录物理删除。

3．打开"商品表"，使用 BROWSE 命令浏览时，使用"文件"菜单中的选项将"商品表"中的记录生成文件名为"商品表.HTM"的 HTML 格式文件。

4．为"商品表"创建一个主索引，索引名和索引表达式均是"商品号"；为"销售表"创建一个普通索引（升序），索引名和索引表达式均是"商品号"。

【练习 3-3】在练习 3-3 文件夹下完成下面的操作。

1．打开"订货管理"数据库，并将表 ORDER_DETAIL 添加到该数据库中。

2．表 ORDER_DETAIL 的"单价"字段允许为 NULL。

3．为表 ORDER_DETAIL 的"单价"字段定义约束规则为"单价>0"，违背规则时的提示信息是"单价必须大于零"。

4．关闭"订货管理"数据库，然后建立自由表 CUSTOMER，表结构如下：

客户号(C,6)，客户名(C,16)，地址(C,20)，电话(C,14)

【练习 3-4】在练习 3-4 文件夹下完成下面的操作。

1．将当前文件夹下的自由表 CLASS（班级表）和 TEACHER（教师表）添加到学生数据库"SDB"中。

2．为班级表 CLASS 按升序创建一个主索引和一个普通索引，主索引的索引名和索引表达式均为"班级号"；普通索引的索引名和索引表达式均为"班主任号"。为教师表 TEACHER 创建一个主索引，索引名和索引表达式均为"教师号"。

3．通过"班级号"字段建立班级表 CLASS 和学生表 STUDENT 间的永久联系。通过班级表 CLASS 的"班主任号"字段与教师表 TEACHER 的"教师号"字段建立班级表 CLASS 与教师表 TEACHER 间的永久联系。

4．为以上建立的两个联系设置参照完整性约束：更新规则为"级联"，删除规则为"限制"，插入规则为"限制"。

【练习 3-5】在练习 3-5 文件夹下完成下面的操作。

1．创建一个名为"订单管理"的数据库，并将已有的 CUSTOMERS 表（客户表）添加到该数据库中。

2．利用表设计器为 CUSTOMERS 表建立一个普通索引，索引名为 BD，索引表达式为"出生日期"。

3．在表设计器中为 CUSTOMERS 表的"性别"字段设置有效性规则，规则表达式为"性别$"男女""，出错提示信息是"性别必须是男或女"，默认值是"男"。

4．利用 INDEX 命令为 CUSTOMERS 表建立一个普通索引，索引名为 KHH，索引表达式为"客户号"，索引存放在 CUSTOMERS.CDX 中。将该索引命令存入文本文件 PONE.TXT 中。

第4章 SQL 关系数据库查询语言

实验 4.1 SELECT 查询语句

一、实验目的

1. 掌握 SQL 查询语言的查询功能。
2. 熟练运用各种联接、运算、排序和分组等语句进行各种查询。
3. 熟练掌握查询结果的保存方式。

二、实验内容

新建"工资管理"数据库，把如图 4-1 所示的工资表、员工表和部门表添加到数据库中。在 Visual FoxPro 的命令窗口中写入 SQL 语句，按〈Enter〉键执行，查看查询窗口中的记录是否满足查询要求。

图 4-1　工资管理数据库中的各表

1. 在员工表中查看员工的基本情况。

SELECT * FROM 员工表

2. 在员工表中查看党员员工的基本情况。

SELECT * FROM 员工表 WHERE 党员=.T.

3. 在员工表中查看员工有几种员工级别。

SELECT DISTINCT 员工级别 FROM 员工表

4. 在员工表中查看年龄大于 35 岁的男员工的情况，查询结果包含姓名、性别和年龄 3 个字段。

SELECT 姓名,性别,YEAR(DATE())-YEAR(出生日期) AS 年龄 FROM 员工表;
WHERE 性别="男" AND YEAR(DATE())-YEAR(出生日期)>35

【思考】可否把上面的 SQL 语句改写成如下语句:

SELECT 姓名,性别,YEAR(DATE())-YEAR(出生日期) AS 年龄 FROM 员工表;

WHERE 性别="男" AND 年龄>35

【提示】WHERE 语句后不能使用虚拟字段，但可以使用运算表达式。

5. 在工资表中查看所有员工的员工编号和实发工资（实发工资=应发工资-扣款），查询结果按实发工资降序排列。

SELECT 员工编号,应发工资-扣款 AS 实发工资 FROM 工资表;
ORDER BY 实发工资 DESC

【思考】可否把上面的 SQL 语句改写成如下语句：

SELECT 员工编号,应发工资-扣款 AS 实发工资 FROM 工资表;
ORDER BY 应发工资-扣款 DESC

【提示】 ORDER BY 语句后不能使用运算表达式，但可以使用虚拟字段。

6. 在员工表中查看女员工的员工编号、姓名、性别和员工级别，查询结果按员工级别升序、员工编号降序排列。

SELECT 员工编号,姓名,性别,员工级别 FROM 员工表;
WHERE 性别="女" ORDER BY 员工级别,员工编号 DESC

7. 在员工表中查找年龄最大的前三个人的员工编号和姓名，查询结果按年龄降序排列。

SELECT TOP 3 员工编号,姓名 FROM 员工表 ORDER BY 出生日期

【提示】按年龄降序排列，等价于按出生日期升序排列。

8. 根据员工表和工资表，查看员工的实发工资等信息（实发工资=应发工资-扣款），查询结果包含员工编号、姓名和实发工资 3 个字段。

SELECT 员工表.员工编号,姓名,应发工资-扣款 AS 实发工资 FROM 员工表,工资表;
WHERE 员工表.员工编号=工资表.员工编号

【思考】如何查找"实发工资"最高的前百分之三十的人的信息。

【提示】ORDER BY 语句可以按虚拟字段进行排序。使用 TOP 30 PERCENT 语句只显示前百分之三十的人。

SELECT TOP 30 PERCENT 员工表.员工编号,姓名,应发工资-扣款 AS 实发工资;
FROM 员工表,工资表 WHERE 员工表.员工编号=工资表.员工编号;
ORDER BY 3 DESC

9. 根据员工表和部门表，查看在教务处部门工作的教师信息，显示其员工编号、姓名和性别信息。

SELECT 员工编号,姓名,性别 FROM 员工表,部门表;
WHERE 员工表.部门编号=部门表.部门编号 AND 部门名称="教务处"

【提示】利用下面的简单查询语句也可以实现：

SELECT 员工编号,姓名,性别 FROM 员工表 WHERE 部门编号="0003"

10. 根据员工表和工资表，查询刘永的应发工资，查询结果包含姓名和应发工资两个字段。

SELECT 姓名,应发工资 FROM 员工表,工资表;
WHERE 员工表.员工编号=工资表.员工编号 AND 姓名="刘永"

11. 根据三个表查询员工的员工编号、姓名、应发工资和部门名称。

SELECT 员工表.员工编号,姓名,应发工资,部门名称 FROM 员工表,工资表,部门表;

WHERE 员工表.部门编号=部门表.部门编号 AND 员工表.员工编号=工资表.员工编号

12．在员工表中统计部门编号为"0003"的员工人数。

SELECT COUNT(*) FROM 员工表 WHERE 部门编号="0003"

13．在工资表中计算实发工资的总额，查询结果只包含实发工资总额字段。

SELECT SUM(应发工资-扣款) AS 实发工资总额 FROM 工资表

14．在员工表统计员工的平均年龄，查询结果只包含平均年龄字段。

SELECT AVG(YEAR(DATE())-YEAR(出生日期)) AS 平均年龄 FROM 员工表

15．在员工表中查询男、女员工的最高员工级别，查询结果包含性别和最高级别两个字段。

SELECT 性别,MAX(员工级别) AS 最高级别 FROM 员工表 GROUP BY 性别

16．根据员工表和部门表，查询每个部门年龄最长者的信息，查询结果包含部门名称和出生日期两个字段。

SELECT 部门名称,MIN(出生日期) AS 出生日期 FROM 员工表,部门表;

WHERE 员工表.部门编号=部门表.部门编号 GROUP BY 部门表.部门编号

【思考】可否把上面的 SQL 语句改写成如下语句：

SELECT 部门名称,MIN(出生日期) AS 出生日期 FROM 员工表,部门表;

WHERE 员工表.部门编号=部门表.部门编号 GROUP BY 部门名称

17．根据员工表和工资表，统计每个部门的平均应发工资，查询结果包含部门编号和平均工资两个字段。

SELECT 部门编号,AVG(应发工资) AS 平均工资 FROM 员工表,工资表;

WHERE 员工表.员工编号=工资表.员工编号 GROUP BY 部门编号

18．根据员工表和部门表，统计各部门的员工人数，查询结果包含部门名称和人数两个字段，并按人数降序排列。

SELECT 部门名称,COUNT(*) AS 人数 FROM 员工表,部门表;

WHERE 员工表.部门编号=部门表.部门编号;

GROUP BY 部门表.部门编号;

ORDER BY 人数 DESC

19．根据员工表和部门表，查询有 2 名以上（含 2 名）员工的部门信息，查询结果包含部门名称和人数两个字段，并按人数降序排列。

SELECT 部门名称,COUNT(*) AS 人数 FROM 员工表,部门表;

WHERE 员工表.部门编号=部门表.部门编号;

GROUP BY 部门表.部门编号 HAVING COUNT(*)>=2;

ORDER BY 人数 DESC

20．根据员工表和工资表，查询平均应发工资大于 2000 元的部门编号和平均工资，查询结果按平均工资降序排列。

SELECT 部门编号,AVG(应发工资) AS 平均工资 FROM 员工表,工资表;

WHERE 员工表.员工编号=工资表.员工编号;

GROUP BY 部门编号 HAVING 平均工资>2000;

ORDER BY 平均工资

【思考】可否把上面的 SQL 语句改写成如下语句：

SELECT 部门编号,AVG(应发工资) AS 平均工资 FROM 员工表,工资表;

WHERE 员工表.员工编号=工资表.员工编号;

GROUP BY 部门编号 HAVING AVG(应发工资)>2000;

ORDER BY 2

21. 在员工表中查找年龄介于 30～35 岁之间（包含 30 和 35）的员工编号和姓名，查询结果按员工编号降序排列，并存储到临时表 ONE 中。

SELECT 员工编号,姓名 FROM 员工表;

WHERE (YEAR(DATE())-YEAR(出生日期)) BETWEEN 30 AND 35;

ORDER BY 1 INTO CURSOR ONE

22. 在员工表中查找姓王的员工信息，并将结果存储到表 TWO 中。

SELECT * FROM 员工表 WHERE 姓名 LIKE "王%" INTO DBF TWO

23. 查询有哪些员工还没有被分配到某个部门，将结果保存到文本文件 THREE 中。

SELECT 姓名 FROM 员工表 WHERE 部门编号 IS NULL TO FILE THREE

【思考】可否把上面的 SQL 语句改写成如下语句：

SELECT 姓名 FROM 员工表 WHERE 部门编号=NULL TO FILE THREE

24. 根据员工表和工资表，查询应发工资最高的员工姓名。

SELECT 姓名 FROM 员工表,工资表 WHERE 员工表.员工编号=工资表.员工编号;

AND 应发工资= (SELECT MAX(应发工资) FROM 工资表)

25. 查找应发工资大于"夏小萍"应发工资的员工编号。

SELECT 员工编号 FROM 工资表 WHERE 应发工资>;

(SELECT 应发工资 FROM 员工表,工资表;

WHERE 员工表.员工编号=工资表.员工编号 AND 姓名="夏小萍")

26. 查找应发工资大于所有部门编号为"0002"的员工的应发工资的员工编号。

SELECT 员工编号 FROM 工资表 WHERE 应发工资>;

ALL(SELECT 应发工资 FROM 员工表,工资表;

WHERE 员工表.员工编号=工资表.员工编号 AND 部门编号 ="0002")

27. 查找哪个部门还没有员工。

SELECT 部门编号 FROM 部门表 WHERE 部门编号 NOT IN;

(SELECT 部门编号 FROM 员工表)

【提示】部门表中的"部门编号"在员工表中没有出现过，就说明这个部门还没有员工来上岗。

28. 利用临时表文件将嵌套查询分成两步查询，查询年龄最大的员工的工资。

SELECT MIN(出生日期) AS 最大年龄 FROM 员工表 INTO CURSOR TEMP

SELECT 工资表.员工编号,应发工资 FROM 工资表,员工表;

WHERE 工资表.员工编号=员工表.员工编号 AND 出生日期=TEMP.最大年龄

【思考】可以把查询的中间结果放到数组中，再根据数组中的某个元素进行下一步的查询。请修改上面的两个 SQL 语句。

【提示】

SELECT MIN(出生日期) AS 最大年龄 FROM 员工表 INTO ARRAY ABC
SELECT 工资表.员工编号,应发工资 FROM 工资表,员工表;
WHERE 工资表.员工编号=员工表.员工编号 AND 出生日期=ABC

实验 4.2　SQL 查询语言对数据表结构的定义与修改

一、实验目的

1. 掌握 SQL 查询语言的定义功能。

2. 熟练运用 CREATE、DROP 和 ALTER 命令，完成数据库对象的建立（CREATE）、删除（DROP）和修改（ALTER）。

3. 重点掌握 SQL 对数据库对象的修改功能。

二、实验内容

在 Visual FoxPro 的命令窗口中写入 SQL 语句，按〈Enter〉键执行，建立和修改数据表。

1. 建立图书管理数据库，在数据库中建立图书、读者和借阅 3 个数据库表，同时建立 3 个表之间的永久性联系。

CREATE DATABASE 图书管理

MODIFY DATABASE 图书管理

CREATE TABLE 图书 (图书编号 C(4) PRIMARY KEY, 书名 C(12), 作者 C(8),;
出版社 C(12),价格 N(5,2) CHECK(价格>0) ERROR "价格应为非负" DEFAULT 19.80)

CREATE TABLE 读者 (借书证号 C(4) PRIMARY KEY, 姓名 C(8),性别 C(2);
CHECK(性别$"男女") ERROR "性别应为男或女" DEFAULT "男",单位 C(12))

CREATE TABLE 借阅(借书证号 C(4),图书编号 C(4),借阅日期 D,;
FOREIGN KEY 借书证号 TAG 借书证号 REFERENCES 读者,;
FOREIGN KEY 图书编号 TAG 图书编号 REFERENCES 图书)

2. 修改表的结构。

（1）向读者表中添加年龄字段（整型）。要求：年龄大于 0 并且小于 120，如果输入错误，则提示"年龄介于 0 到 120 之间"，默认值为 20。

ALTER TABLE 读者 ADD 年龄 I ;
CHECK 年龄>0 AND 年龄<120 ERROR "年龄介于 0 到 120 之间" DEFAULT 20

（2）将图书表中作者字段定义为候选索引，索引名为 ABC。

ALTER TABLE 图书 ADD UNIQUE 作者 TAG ABC

（3）将图书表中的出版社字段的宽度由 12 改为 16。

ALTER TABLE 图书 ALTER 出版社 C(16)

（4）修改图书表中价格的有效性规则。要求：价格大于 0 并且小于 2000，如果输入错误，则提示"价格应介于 0 到 2000 之间"，默认值为 20.00。

ALTER TABLE 图书 ALTER 价格;
SET CHECK 价格>0 AND 价格<2000 ERROR "价格应介于 0 到 2000 之间" ;

ALTER 价格 SET DEFAULT 20.00

（5）删除图书表中的候选索引 ABC。

ALTER TABLE 图书 DROP UNIQUE TAG ABC

（6）删除读者表中的年龄字段。

ALTER TABLE 读者 DROP COLUMN 年龄

（7）修改借阅表中"借阅日期"字段的名称为"借阅时间"。

ALTER TABLE 借阅 RENAME COLUMN 借阅日期 TO 借阅时间

3．建立借阅信息的视图

CREATE VIEW 借阅信息 AS;

SELECT 读者.借书证号,姓名,书名,借阅时间 FROM 读者,借阅,图书;

WHERE 读者.借书证号=借阅.借书证号 AND 图书.图书编号=借阅.图书编号

实验 4.3 SQL 查询语言对数据表中的数据进行操作

一、实验目的

1．掌握 SQL 查询语言的数据操作功能。

2．熟练运用 INSERT、UPDATA 和 DELETE 命令，完成表中数据的插入（INSERT）、更新（UPDATA）和删除（DELETE）。

二、实验内容

打开数据库，在 Visual FoxPro 的命令窗口中写入 SQL 语句，按〈Enter〉键执行，修改表中的数据。

1．向借阅表中添加一条记录，"0309"号读者在今天借了编号为"2628"的这本书。

INSERT INTO 借阅(借书证号,图书编号,借阅时间) VALUES("0309","2628",DATE())

【思考】可否把语句改写成"INSERT INTO 借阅 VALUES ("0309", "2628", DATE())"？

2．0309 号读者已把编号为"2628"的这本书归还，需要删除这条借阅记录。

DELETE FROM 借阅 WHERE 图书编号="2628"

PACK

3．将图书表中的价格都增加 5 元。

UPDATE 图书 SET 价格=价格+5

实验 4.4 综合应用练习

一、实验目的

1．熟练运用 SQL 查询语言。

2．根据用户要求完成查询任务。

二、实验内容

本实验的 SQL 查询都是基于订货管理数据库中的 Worker、Order 和 Client 3 个表，如图 4-2 所示。Worker 表中存放职员的基本情况和职务信息；Client 表存放客户的基本情况信息；Order 表存放每一年的订单情况信息。

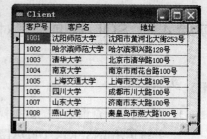

图 4-2　订货管理数据库中的各表

下面每个查询的结果均被存放到一个新的表中，浏览表中的记录，检查是否与给出的查询结果相同。

【练习 4-1】在"练习 4-1"文件夹下完成下面的操作。

从 Client 表和 Order 表中统计出每个客户的订单金额总和，统计结果包含"客户号"、"客户名"和"合计" 3 个字段，"合计"是指某个客户的所有订单金额的总和，统计结果按"合计"降序排序存放到 Heji 表中。

【提示】SELECT Client.客户号,客户名,SUM(金额) AS 合计　FROM Order,Client;

WHERE Order.客户号=Client.客户号;

GROUP BY Client.客户号;

ORDER BY 合计　DESC INTO TABLE Heji

运行查询后，浏览 Heji 表中的记录，如图 4-3 所示。

【练习 4-2】在"练习 4-2"文件夹下完成下面的操作。

从 Worker 表和 Order 表中统计每一个职工所签订的订单金额的总和，统计结果包含"职员号"、"姓名"和"合计" 3 个字段，统计结果按"合计"降序排序存放到 Zhiyuanheji 表中。

【提示】SELECT worker.职员号,姓名,SUM(金额) AS 合计　FROM　worker,order;

WHERE worker.职员号 = Order.职员号;

GROUP BY worker.职员号;

ORDER BY 3 DESC INTO TABLE Zhiyuanheji

运行查询后，浏览 Zhiyuanheji 表中的记录，如图 4-4 所示。

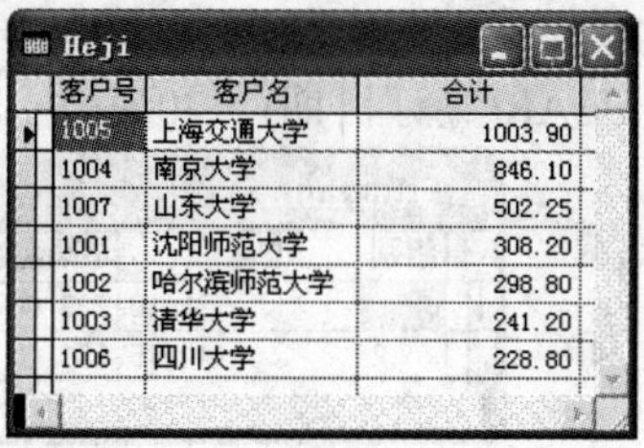

客户号	客户名	合计
1005	上海交通大学	1003.90
1004	南京大学	846.10
1007	山东大学	502.25
1001	沈阳师范大学	308.20
1002	哈尔滨师范大学	298.80
1003	清华大学	241.20
1006	四川大学	228.80

图 4-3　Heji 表中的记录

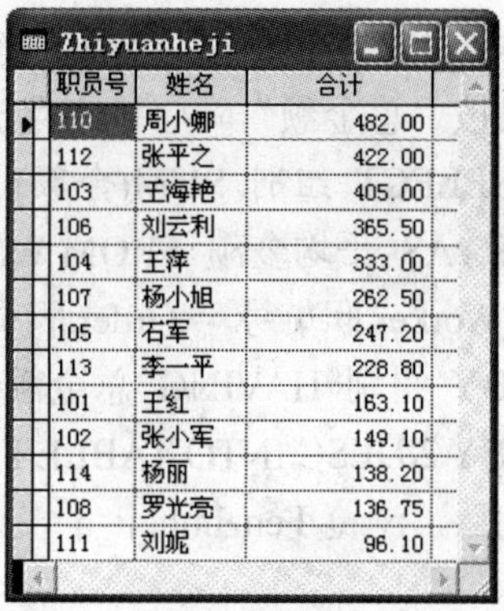

职员号	姓名	合计
110	周小娜	482.00
112	张平之	422.00
103	王海艳	405.00
106	刘云利	365.50
104	王萍	333.00
107	杨小旭	262.50
105	石军	247.20
113	李一平	228.80
101	王红	163.10
102	张小军	149.10
114	杨丽	138.20
108	罗光亮	136.75
111	刘妮	96.10

图 4-4　Zhiyuanheji 表中的记录

【思考】查询“王红”在 2005 年所签订的订单金额的总和。

【提示】下面两种 SQL 语句都可以实现。

（1）先把“王红”的记录和 2005 年的记录筛选出来，然后再分组求和。

【提示】SELECT worker.职员号,姓名, SUM(金额) AS 合计 FROM worker,order;

WHERE worker.职员号 = Order.职员号 AND YEAR(签订日期)=2005 ;

and worker.职员号="101";

GROUP BY worker.职员号;

ORDER BY 3 DESC

（2）先把 2005 年的记录筛选出来，然后再分组求“王红”那一组的合计。

【提示】SELECT worker.职员号,姓名, SUM(金额) AS 合计 FROM worker,order;

WHERE worker.职员号 = Order.职员号 AND YEAR(签订日期)=2005;

GROUP BY worker.职员号 HAVING 姓名="王红";

ORDER BY 3 DESC

【练习 4-3】在“练习 4-3”文件夹下完成下面的操作。

从 Order 表中统计某年某月的订单金额总和，统计结果包含“年份”、“月份”和“合计”3 个字段（如果某年某月没有订单，则不包含该月的记录），统计结果按“年份”降序、“月份”升序排序存放到 Shijianheji 表中。

【提示】SELECT YEAR(签订日期) AS 年份,MONTH(签订日期) AS 月份,;

SUM(金额) AS 合计 FROM Order;

GROUP BY 年份,月份;

ORDER BY 年份 DESC,月份 INTO TABLE Shijianheji

注意：该查询操作中分组字段有两个，先按年份分组，再按月份分组，分组语句不能写成“GROUP BY 年份+月份”

运行查询后，浏览 Shijianheji 表中的记录，如图 4-5 所示。

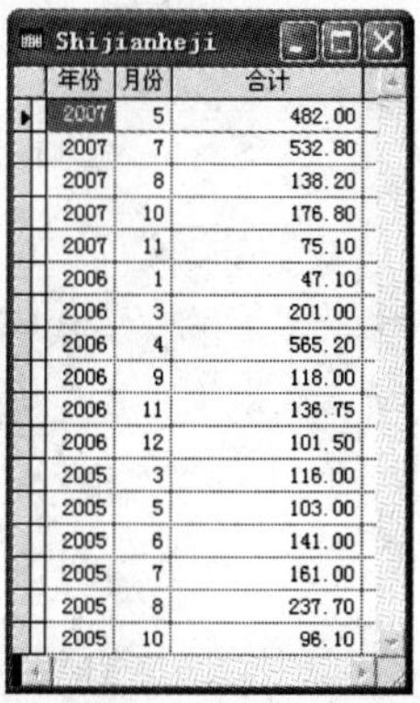

年份	月份	合计
2007	5	482.00
2007	7	532.80
2007	8	138.20
2007	10	176.80
2007	11	75.10
2006	1	47.10
2006	3	201.00
2006	4	565.20
2006	9	118.00
2006	11	136.75
2006	12	101.50
2005	3	116.00
2005	5	103.00
2005	6	141.00
2005	7	161.00
2005	8	237.70
2005	10	96.10

图 4-5　Shijianheji 表中的记录

【思考】如何统计某年的订单金额总和。

【练习 4-4】在“练习 4-4”文件夹下完成下面的操作。

从 Worker 表和 Order 表中统计各组在 2006 年所签订的金额总和，统计结果仅包含每组

总金额大于等于 400 的组，统计结果包含"组别"、"总金额"、"最高金额"和"平均金额" 4
个字段，结果按"总金额"降序排序存放到 Fenzhuheji_a 表中。

【提示】SELECT 组别, SUM(金额) AS 总金额, MAX(金额) AS 最高金额,;

AVG(金额) AS 平均金额 FROM Worker,order;

WHERE Worker.职员号 = Order.职员号 AND YEAR(签订日期) = 2006;

GROUP BY 组别 HAVING 总金额=>400;

ORDER BY 2 DESC INTO TABLE Fenzhuheji_a

运行查询后，浏览 Fenzhuheji_a 表中的记录，如
图 4-6 所示。

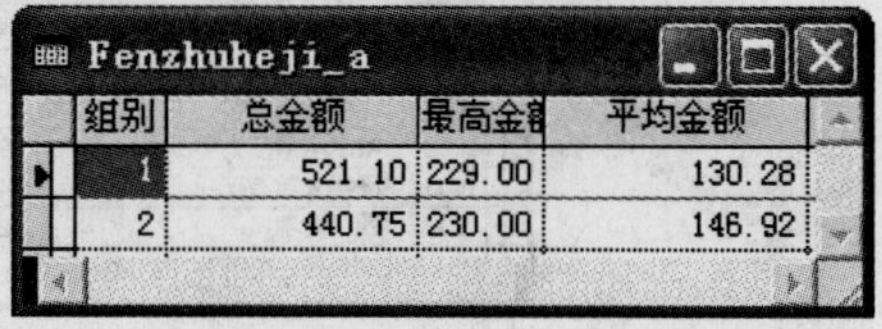

组别	总金额	最高金额	平均金额
1	521.10	229.00	130.28
2	440.75	230.00	146.92

图 4-6 Fenzhuheji_a 表中的记录

【练习 4-5】在练习 4-5 文件夹下完成下面操作：

从 Worker 表和 Order 表中统计出每组所签订的金
额总和，统计结果包含"组别"、"负责人"和"总金额" 3 个字段，其中"负责人"为该组的
组长（由 Worker 表中的"职务"字段指定）的姓名，结果按"总金额"降序排序存放到
Fenzhuheji_b 表中。

【提示】

SELECT 组别,姓名 FROM Worker;

WHERE 职务="组长" INTO CURSOR tmp1

SELECT 组别,SUM(金额) AS 总金额 FROM Order,Worker;

WHERE Order.职员号=Worker.职员号 GROUP BY 组别 INTO CURSOR tmp2

SELECT tmp2.组别,姓名 AS 负责人,总金额 FROM tmp1,tmp2;

WHERE tmp1.组别=tmp2.组别 ORDER BY 总金额
DESC INTO TABLE Fenzhuheji_b

该查询操作是由上面 3 个查询依次执行来完成的。

运行查询后，浏览 Fenzhuheji_b 表中的记录，如图 4-7
所示。

组别	负责人	总金额
1	王红	1837.60
3	石军	876.70
2	张小军	714.95

图 4-7 Fenzhuheji_b 表中的记录

第5章 查询与视图

实验 5.1 查询设计

一、实验目的

1. 理解查询的基本概念和设计过程。
2. 熟练使用"查询设计器"进行查询设计。
3. 掌握各选项卡的使用方法。

二、实验内容

使用查询设计器设计一个查询,要求如下。

(1) 基于"工资管理"数据库中的"部门表"、"员工表"及"工资表"建立查询;

(2) 查询除"保卫处"以外的各部门员工的最高应发工资;

(3) 查询结果包括"部门名称"、"姓名"和"最高工资"3 个字段;

(4) 查询结果按最高工资降序排序;

(5) 查询结果保存在表"部门最高工资.DBF"中;

(6) 完成设计后将查询保存为名为"最高工资查询.QPR"的查询文件,并运行该查询。

【说明】"工资管理"数据库已经给出。"工资管理"由"部门表"、"员工表"和"工资表"组成,各表结构如图 5-1 所示。

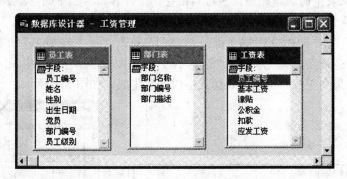

图 5-1 "工资管理"数据库各表结构

1. 选择"文件"→"新建"命令,弹出"新建"对话框,选择"查询"选项,单击"新建文件"按钮,打开"查询设计器"。

依次添加"部门表"、"员工表"和"工资表"到查询设计器中,在弹出的"联接条件"对话框中设置联接条件依次为"部门表.部门编号=员工表.部门编号"、"员工表.员工编号=工资表.员工编号"，联接类型均设置为"内部联接"，如图 5-2 和图 5-3 所示。

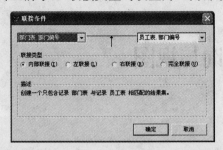 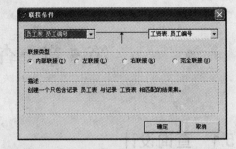

图 5-2　部门表与员工表的联接条件设置　　　图 5-3　员工表与工资表的联接条件设置

如果插入的表在"联接条件"对话框中没有自动产生联系，如图 5-4 所示，则单击对话框中的"取消"按钮，手动设置联接条件。

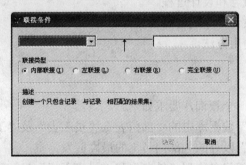

图 5-4　没有产生联接条件的对话框

【提示】手动设置联接条件的方法有三种。

（1）先把原来表中的联接删除（选中联接线，然后按〈Delete〉键），然后重新添加联系。添加联系的方法与设置永久联系的方法类似，只是这里不需要建立索引。

（2）在"联接"选项卡中，先移去所有联接条件，然后再添加。

（3）先把原来表中的联接删除，然后单击查询设计器工具栏中的"添加联接"按钮，在弹出的"联接条件"对话框中重新设置，如图 5-2 所示。

2. 在"字段"选项卡中，将字段"部门表.部门名称"、"员工表.姓名"和表达式"MAX(工资表.应发工资) AS 最高工资"添加至"选定字段"，如图 5-5 所示。其中表达式"MAX(工资表.应发工资) AS 最高工资"可用"表达式生成器"生成，如图 5-6 所示。

图 5-5　"字段"选项卡　　　　　　　　　　图 5-6　表达式生成器

【提示】在"表达式生成器"对话框中，可选择相应的函数或字段来自动生成表达式，或在"表达式"文本框中手动输入表达式。如在"数学"下拉列表框中选择函数 MAX（,）删除括号内的逗号，在"来源于表"下拉列表框中选择"工资表"，然后在"字段"列表框中双击"应发工资"字段，这样，MAX(工资表.应发工资)表达式就自动生成了，最后在表达式后输入虚拟字段名"AS 最高工资"，如图 5-6 所示。

3. 在"联接"选项卡中设置各表的联接条件，如图 5-7 所示。如果各表之间的联接条件在添加表时已经设置完成，可跳过此步骤。

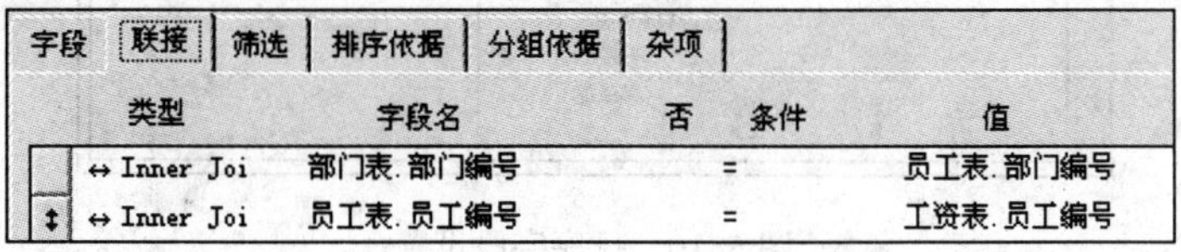

	类型	字段名	否	条件	值
	↔ Inner Joi	部门表.部门编号		=	员工表.部门编号
↕	↔ Inner Joi	员工表.员工编号		=	工资表.员工编号

图 5-7　各表联接关系

4. 在"分组依据"选项卡中设置分组字段为"部门表.部门名称"，如图 5-8 所示。

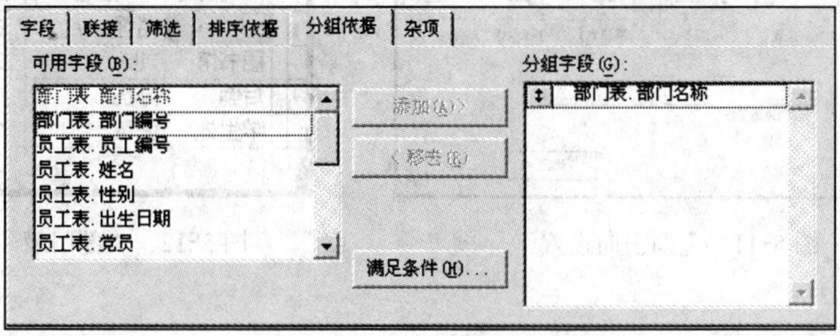

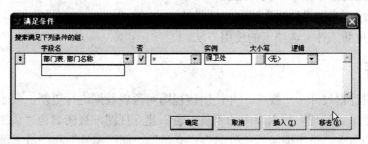

图 5-8　分组字段设置

单击"满足条件"按钮，在"满足条件"对话框中，设置"部门表.部门名称!='保卫处'"作为分组记录的筛选条件，如图 5-9 所示。注意：不等于的设置方法为在等号前的"否"处打上"√"。

图 5-9　限定分组的条件设置

5. 在"排序依据"选项卡中设置排序表达式为"MAX(工资表.应发工资) AS 最高工资"，"排序选项"为"降序"，如图 5-10 所示。

6. 单击"查询设计器工具栏"上的"查询去向"按钮，弹出"查询去向"对话框，设置输出去向为"表"，在"表名"后的文本框中输入"部门最高工资"，如图 5-11 所示。

7. 选择"文件"→"保存"命令，在"保存"对话框中输入查询的名称为"最高工资查询.QPR"。

8. 单击常用工具栏上的"运行"按钮！，运行查询后，自动生成表"部门最高工资.DBF"，打开该表，浏览"部门最高工资.DBF"文件，如图5-12所示。

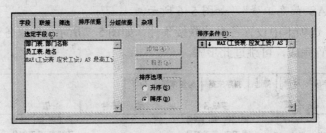

图 5-10　排序字段设置

图 5-11　查询去向设置

图 5-12　"部门最高工资"表

实验 5.2　视图设计

一、实验目的

1. 理解视图的基本概念和设计过程。
2. 熟练使用"视图设计器"进行视图设计。
3. 掌握"更新条件"选项卡的使用方法。

二、实验内容

利用视图设计器设计一个视图，并使用该视图对源表数据进行更新，要求如下。

（1）基于"工资管理"数据库中的"员工表"建立视图，视图名为"员工更新信息"；

（2）视图中包含"员工编号"、"姓名"、"党员"、"部门编号"和"员工级别"5个字段；

（3）允许修改"姓名"和"员工级别"字段的内容；

（4）在视图中修改"员工级别"字段的信息；

（5）在"员工表"中验证视图更新源表的功能。

【说明】"工资管理"数据库已经给出。"员工表"结构如图5-1所示。

1. 打开"工资管理"数据库，选择"文件"→"新建"命令，弹出"新建"对话框，选择"视图"选项，单击"新建文件"按钮，打开"视图设计器"。添加"员工表"到视图设计器中。

2. 在"字段"选项卡中，将字段"员工编号"、"姓名"、"党员"、"部门编号"和"员工级别"添加至"选定字段"列表框中，如图5-13所示。

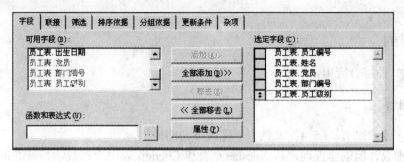

图5-13 "字段"选项卡

3. 在"更新条件"选项卡中设置"姓名"和"员工级别"的更新条件。

在"员工编号"字段名前单击"钥匙"标识，在"姓名"和"员工级别"字段名前单击"铅笔"标识，使二者为选中状态。然后选中"发送SQL更新"复选框，如图5-14所示。

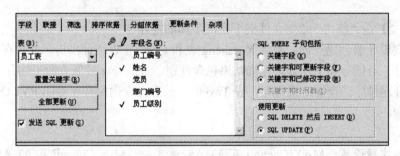

图5-14 "更新条件"选项卡

【提示】设置可更新字段后，"发送SQL更新"前的复选框才为可选状态。

4. 保存视图，命名为"员工更新信息"。

【提示】选择"文件"→"保存"命令，保存视图，或在关闭视图设计器时按提示保存视图。

5. 浏览"员工更新信息"视图，在视图中修改员工"王晓丽"的"员工级别"为2，如图5-15所示。

6. 打开"员工表"，查看更改的信息，验证视图更新源表的功能，如图5-16所示。

员工更新信息				
员工编号	姓名	党员	部门编号	员工级别
00001002	王晓丽	T	0003	2
00004001	张敏	F	0006	4
00003003	董鹏	T	0001	3
00002002	肖楠	T	.NULL.	3
00001001	李丽	F	0005	1
00002001	夏小萍	T	0002	1
00003002	王松	F	0005	4
00004002	刘永	F	0002	2
00003001	赵强	T	0003	2
00004003	陈虎	F	0001	3

图5-15 "员工更新信息"视图

员工表						
员工编号	姓名	性别	出生日期	党员	部门编号	员工级别
00001002	王晓丽	女	02/03/69	T	0003	2
00004001	张敏	女	03/06/76	F	0006	4
00003003	董鹏	男	06/08/80	T	0001	3
00002002	肖楠	男	05/14/79	T	.NULL.	3
00001001	李丽	女	09/13/73	F	0005	1
00002001	夏小萍	女	08/25/70	T	0002	1
00003002	王松	男	09/11/83	F	0005	4
00004002	刘永	男	12/02/70	F	0002	2
00003001	赵强	男	10/23/74	T	0003	2
00004003	陈虎	男	11/14/86	F	0001	3

图5-16 更新后的"员工表"

实验 5.3 综合应用练习

一、实验目的

掌握 SQL 的综合应用。

二、实验内容

【练习 5-1】在"练习 5-1"文件夹下完成下面的操作。

利用查询设计器创建查询，从 Xuesheng 表和 Chengji 表中查询数学、英语和信息技术 3 门课中至少有一门课在 90 分以上（含）的学生记录。查询结果包含学号、姓名、数学、英语和信息技术 5 个字段，各记录按学号降序排序，查询结果保存在表 One 中，最后将查询保存在 QUERY1.QPR 文件中，并运行该查询。

【提示】筛选条件设置：Chengji.数学 >=90 OR Chengji.英语>=90 OR Chengji.信息技术 >=90。

【练习 5-2】在"练习 5-2"文件夹下完成下面的操作。

利用查询设计器创建查询，根据 Xuesheng 表和 Chengji 表统计出男、女生在英语课程上各自的最高分、最低分和平均分。查询结果包含性别、最高分、最低分和平均分 4 个字段，结果按性别升序排序，查询结果保存在表 Two 中，最后将查询保存在 QUERY2.QPR 文件中，并运行该查询。

【提示】

（1）虚拟字段设置：MAX(Chengji.英语) AS 最高分，MIN(Chengji.英语) AS 最低分，AVG(Chengji.英语) AS 平均分。

（2）分组依据设置：对"性别"分组。

【练习 5-3】在"练习 5-3"文件夹下完成下面的操作。

利用查询设计器创建查询，根据 Employee 表和 Orders 表对各组在 2001 年所签订单的金额进行统计。统计结果仅包含那些总金额大于等于 500 的组，各记录包括组别、总金额、最高金额和平均金额 4 个字段，各记录按总金额降序排序，查询结果保存在表 Three 中，最后将查询保存在 QUERY3.QPR 文件中，并运行该查询。

【提示】

（1）虚拟字段设置：SUM(Orders.金额) AS 总金额，MAX(Orders.金额) AS 最高金额，AVG(Orders.金额) AS 平均金额。

（2）筛选条件设置：YEAR(Orders.签订日期)=2001（在表达式生成器中设置）。

（3）分组依据设置：对"组别"分组。"满足条件"设置：总金额>=500。

【练习 5-4】在"练习 5-4"文件夹下完成下面的操作。

打开数据库 VIEWB，其中包含 Xuesheng 表和 Chengji 表。在数据库中创建视图 VIEW1，利用该视图只能查询 20001001 班（学号的前 8 位数字为班号）的学生记录，查询结果包含学号、姓名、数学、英语和信息技术 5 个字段，各记录按学号降序排序。最后利用刚创建的视图 VIEW1 查询视图中的全部信息，并将查询结果存放在表

VIEWONE 中。

【提示】

（1）筛选条件设置：LEFT(Xuesheng.学号,8)="20001001"（在表达式生成器中设置）。

（2）视图设计器中没有查询去向设置，如果要保存视图中的信息，只要把视图看作是普通的表再进行处理即可。在命令窗口中输入：SELECT * FROM VIEW1 INTO TABLE VIEWONE。

【练习 5-5】在"练习 5-5"文件夹下完成下面的操作。

在数据库 VIEWB 中根据 Xuesheng 表和 Chengji 表创建视图 VIEW2，利用该视图只能查询少数民族学生的英语成绩，查询结果包含学号、姓名和英语 3 个字段，各记录按英语成绩降序排序，若英语成绩相同按学号升序排序。最后利用刚创建的视图 VIEW2 查询视图中的全部信息，并将查询结果存放在表 VIEWTWO 中。

【提示】

（1）切换到"筛选"选项卡，在"字段名"下拉列表框中选择"Xuesheng.民族"，在"否"处打勾（表示条件相反），在"条件"处选择"="，在"实例"处输入"汉"。

（2）排序依据设置：先添加"Chengji.英语"（降序），再添加"Xuesheng.学号"（升序）。

（3）保存视图为"VIEW2"，在命令窗口中输入：SELECT * FROM VIEW2 INTO TABLE VIEWTWO。

【练习 5-6】在"练习 5-6"文件夹下完成下面的操作。

向数据库 VIEWB 中添加"国家"表和"获奖牌情况"表，创建视图 VIEW3。该视图根据"国家"表和"获奖牌情况"表统计每个国家获得的金牌数（"名次"为 1 表示获得一块金牌），结果包括"国家名称"和"金牌数"两个字段，视图中的记录先按金牌数降序排序，再按国家名称降序排序。

【提示】

（1）虚拟字段设置：COUNT(*) AS 金牌数。

（2）筛选条件设置：获奖牌情况.名次 =1。

（3）排序依据设置：先添加"COUNT(*) AS 金牌数"（降序），再添加"国家.国家名称"（降序）。

（4）分组依据设置：根据"国家.国家名称"分组。

第6章 程序设计基础

实验 6.1 程序的创建和运行

一、实验目的

1. 了解程序和程序的概念。
2. 掌握程序的创建和运行方式。
3. 熟练掌握交互命令 ACCEPT 和 INPUT 的使用。

二、实验内容

1. 显示员工表中党员的记录信息。

（1）新建一个程序文件，在程序设计窗口中输入如下程序语句：

```
SET TALK OFF
CLEAR
OPEN DATABASE 工资管理
USE 员工表
LIST FOR 党员=.T.
USE
SET TALK ON
```

按〈Ctrl+W〉组合键保存程序，程序文件名为"6.1.1.PRG"。

【提示】新建程序文件可以通过在菜单中选择"文件→新建"命令或在命令窗口中输入 MODIFY COMMAND <文件名>命令实现。

（2）运行程序：在命令窗口中利用 DO 命令，或单击工具栏上的"！"按钮运行程序，程序运行结果如图 6-1 所示。

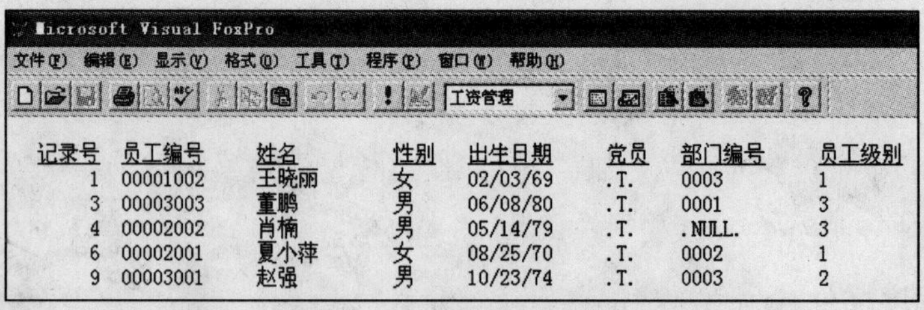

图 6-1 程序运行结果

【思考】建立和运行程序还有哪些不同的方式？

2. 编程输入任意 3 个数，求出它们的平均值并输出。

（1）新建一个程序文件，输入程序代码如下：

```
SET TALK OFF
CLEAR
INPUT "请输入第一个数：" TO one
INPUT "请输入第二个数：" TO two
INPUT "请输入第三个数：" TO three
avg=(one+two+three)/3
? "这三个数的平均数是：",avg
SET TALK ON
RETURN
```

（2）保存程序文件名为"6.1.2.PRG"，然后运行程序，分别输入 3 个不同的数，如输入 23，56，89，运行结果如图 6-2 所示。

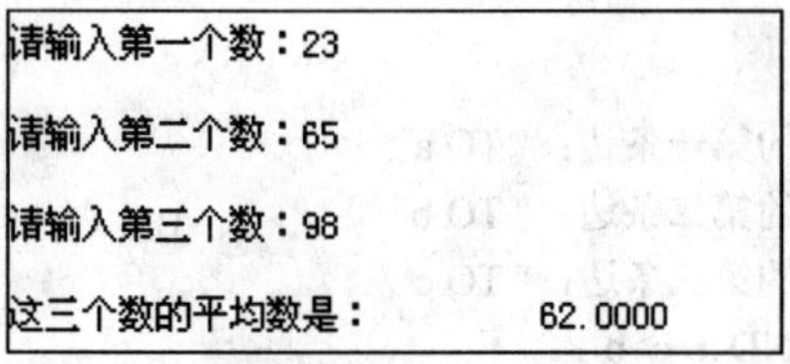

```
请输入第一个数：23

请输入第二个数：65

请输入第三个数：98

这三个数的平均数是：        62.0000
```

图 6-2   程序运行结果

【思考】如果将程序中的交互语句 INPUT 改为 ACCEPT，程序还能正确运行吗？

3．在工资表中，按员工编号查询相应员工的工资信息。

（1）新建一个程序文件，输入程序代码如下：

```
SET TALK OFF
CLEAR
OPEN DATABASE  工资管理
USE  工资表
ACCEPT "请输入员工编号：" TO ygbh
LOCATE FOR ygbh=员工编号
?"员工编号：",员工编号
?"基本工资：",基本工资
?"津贴：",津贴
?"公积金：",公积金
?"扣款：",扣款
?"应发工资：",应发工资
USE
SET TALK ON
RETURN
```

```
请输入员工编号：00001001

员工编号：  00001001
基本工资：  1300.00
津贴：1100.00
公积金：    200.00
扣款：110.30
应发工资：2089.70
```

图 6-3   程序运行结果

（2）保存程序文件名为"6.1.3.PRG"，然后运行程序，提示输入员工编号，如输入 00001001，则显示结果如图 6-3 所示。

【思考】若输入的员工编号不存在，程序结果会怎样显示？这种显示方式是理想的吗？

实验 6.2　选择结构程序设计

一、实验目的

1．掌握选择结构的程序设计方法。
2．掌握条件语句和情况语句的使用。

二、实验内容

1．根据给定的三角形的三边求面积。

（1）新建一个程序文件，输入程序代码如下：

```
SET TALK OFF
CLEAR
INPUT "请输入三角形的第一条边： " TO a
INPUT "请输入三角形的第二条边： " TO b
INPUT "请输入三角形的第三条边： " TO c
IF a+b>c AND b+c>a AND a+c>b
    s=(a+b+c)/2
    area=SQRT(s*(s-a)*(s-b)*(s-c))
    ?"三角形的面积为： "+STR(area,6,2)
ELSE
    ?"这三条边不能组成一个三角形！ "
ENDIF
SET TALK ON
RETURN
```

（2）保存程序文件名为 "6.2.1.PRG"，然后运行程序，输入 3 个数作为三角形的 3 条边，查看运行结果。

2．删除员工表中指定员工的记录。

（1）新建一个程序文件，输入程序代码如下：

```
SET TALK OFF
CLEAR
OPEN DATABASE 工资管理
USE 员工表
ACCEPT "请输入待删除的员工姓名： " TO xm
LOCATE FOR 姓名=xm
IF FOUND()
    DISPLAY
    WAIT "是否删除？ （Y/N） " TO yn
    IF UPPER(yn)="Y"
        DELETE
        LIST
    ENDIF
```

```
        ELSE
            ?"您输入的员工不存在"
        ENDIF
        CLOSE DATABASE
        SET TALK ON
        RETURN
```

（2）保存程序文件名为"6.2.2.PRG"，然后运行程序，提示输入待删除的员工姓名，如果输入的姓名在员工表中存在，将会显示这条记录的基本信息，同时询问是否要删除这条记录，输入"y"或"Y"则逻辑删除该记录，输入其他字符则不删除。如果输入的姓名在员工表中不存在，则会显示"您输入的员工不存在"。

【思考】把程序中的"WAIT"换成"ACCEPT"可不可以，为什么？换成"INPUT"可以吗？

【提示】UPPER()函数将 WAIT 语句接收的字符转换成大写字母后，与大写字母"Y"进行比较，这里也可以与"N"进行比较，但是"="要换成"<>"。

3．根据输入的部门编号查询该部门的员工工资。

（1）新建一个程序文件，输入程序代码如下：

```
CLEAR ALL
OPEN DATABASE  工资管理
USE  部门表
ACCEPT "请输入部门编号: " TO bmbh
LOCATE FOR  部门编号=bmbh
IF FOUND()
        SELECT  员工表.员工编号,姓名,基本工资  FROM  员工表,工资表;
            WHERE  员工表.员工编号=工资表.员工编号  AND  部门编号=bmbh
ELSE
        WAIT "您输入的部门编号不存在！"
ENDIF
CLOSE DATABASE
RETURN
```

（2）保存程序文件名为"6.2.3.PRG"，然后运行程序，提示输入员工编号，如果输入的员工编号在部门表中不存在，输出"您输入的部门编号不存在！"，如果输入的员工编号在部门表中存在，则输出该部门员工的员工编号、姓名和基本工资 3 个字段的值。如运行时输入 0002，则结果如图 6-4 所示。

员工编号	姓名	基本工资
00002001	夏小萍	1450.00
00004002	刘永	1380.00

图 6-4　程序运行结果

4. 某件商品定价 100 元，如果购买 100 件以下不打折，如果购买 300 件以下打 9 折，如果购买 500 件以下打 8 折，购买 500 及 500 件以上打 7 折。编写程序，输入购买的件数，计算总价格。

（1）创建程序文件，内容如下：

```
SET TALK OFF
CLEAR
INPUT "请输入购买的件数：" TO qt
DO CASE
    CASE qt<100
        price=100*qt
    CASE qt<300
        price=100*0.9*qt
    CASE qt<500
        price=100*0.8*qt
    CASE qt>=500
        price=100*0.7*qt
ENDCASE
?"总金额为："+ALLTRIM(STR(price))+"元"
SET TALK ON
RETURN
```

（2）保存程序文件名为"6.2.4(1).PRG"，然后运行程序，输入不同的购买件数，看购买金额是否正确。

【思考】将程序进行如下改动，运行结果是否正确？

```
SET TALK OFF
CLEAR
INPUT "请输入购买的件数：" TO qt
DO CASE
    CASE qt>=500
        price=100*0.7*qt
    CASE qt<500
        price=100*0.8*qt
    CASE qt<300
        price=100*0.9*qt
    CASE qt<100
        price=100*qt
ENDCASE
?"总金额为："+ALLTRIM(STR(price))+"元"
SET TALK ON
RETURN
```

保存程序文件名为"6.2.4(2).PRG"，然后运行程序，查看运行结果是否正确。

【提示】在 DO CASE-ENDCASE 结构中，无论有几个 CASE 分支的条件成立，只执行第一个成立的 CASE 分支后相应的语句序列，所以编程时应注意条件顺序设置的合理性。

实验 6.3　循环结构程序设计

一、实验目的

1. 熟练掌握 DO WHILE-ENDDO 和 FOR-ENDFOR 循环结构的应用。
2. 掌握 SCAN-ENDSCAN 循环的应用。
3. 掌握循环嵌套的应用。
4. 掌握 LOOP 和 EXIT 语句的使用。

二、实验内容

1. 在员工表中，统计所有员工的平均年龄。

（1）新建一个程序文件，输入程序代码如下：

```
SET TALK OFF
CLEAR
OPEN DATABASE  工资管理
USE  员工表
STORE 0 TO n,s
DO WHILE NOT EOF()
    s=s+(YEAR(DATE())-YEAR(出生日期))
    n=n+1
    SKIP
ENDDO
?"员工的平均年龄是"+ALLTRIM(STR(s/n))+"岁"
USE
SET TALK ON
RETURN
```

（2）保存程序文件名为"6.3.1.PRG"，运行程序，查看程序结果。

【技巧】员工表中并不包含年龄字段，通过表达式 YEAR(DATE())-YEAR(出生日期)计算出年龄

【思考】将程序中的 DO WHILE-ENDDO 改为 SCAN-ENDSCAN 循环可以吗？如何改？

2. 编写一个程序，分别计算下列三个表达式的值：

$$S=1+2+3+…+100$$
$$T=1^2+2^2+3^2+…+100^2$$
$$N=1+1/2+1/3+…+1/100$$

（1）新建一个程序文件，输入程序代码如下：

```
SET TALK OFF
CLEAR
STORE 0 TO s,t,n
FOR i=1 TO 100
```

```
        s=s+i
        t=t+i*i
        n=n+1/i
    ENDFOR
    ?"S=",s
    ?"T=",t
    ?"N=",n
    SET TALK ON
    RETURN
```

（2）保存并运行程序，程序文件名为"6.3.2.PRG"，查看程序结果。

3．编程实现将工资表中所有党员的工资增加 100 元。

（1）新建一个程序文件，输入程序代码如下：

```
    SELECT * FROM  员工表  WHERE  党员=.T. INTO TABLE x
    USE x
    SCAN
     UPDATE  工资表  SET  基本工资=基本工资+100 WHERE  工资表.员工编号=x.员工编号
    ENDSCAN
    USE
    RETURN
```

（2）保存并运行程序，程序文件名为"6.3.3.PRG"，查看程序结果。

4．在某评分系统中，有 10 个评委为参赛的选手打分，分数为 1~100 分。选手最后得分为：去掉一个最高分和一个最低分后，对其余 8 个分数求平均值。编程实现这一功能。

（1）新建一个程序文件，输入程序代码如下：

```
    SET TALK OFF
    CLEAR
    DIMENSION a(10)
    INPUT "请为参赛的选手打分： " TO a(1)
    max=a(1)
    min=a(1)
    FOR i=2 TO 10
        INPUT "请为参赛的选手打分： " TO a(i)
        IF max<a(i)
            max=a(i)
        ENDIF
        IF min>a(i)
            min=a(i)
        ENDIF
    ENDFOR
    s=0
    FOR i=1 TO 10
        s=s+a(i)
    ENDFOR
    ? "选手最后得分为： ",(s-max-min)/8
```

```
SET TALK ON
CANCEL
```

（2）保存并运行程序，程序文件名为"6.3.4.PRG"，查看程序结果。

实验 6.4　多模块程序设计

一、实验目的

1．掌握过程的定义与调用。
2．掌握过程调用中的参数传递。
3．掌握内存变量的作用域。

二、实验内容

1．编写简单的人事管理程序。

（1）新建主程序文件如下：

```
****主程序 RSGL.PRG****
SET TALK OFF
CLEAR
    ?"1--浏览员工信息"
    ?"2--查询员工信息"
    ?"3--删除员工信息"
WAIT "请选择(1-3)：" TO xz
SET PROCEDURE TO gl
DO CASE
    CASE xz="1"
        do ll
    CASE xz="2"
        do cx
    CASE xz="3"
        do sc
ENDCASE
SET PROCEDURE TO
RETURN
```

（2）新建过程文件如下：

```
****过程文件 GL.PRG****
PROCEDURE ll                    &&过程 ll
    SELECT * FROM 员工表
ENDPROC
PROCEDURE cx                    &&过程 cx
    ACCEPT "请输入员工编号：" TO ygbh
    SELECT * FROM 员工表 WHERE 员工编号=ygbh
```

```
            ENDPROC
            PROCEDURE sc                    &&过程 sc
                ACCEPT "请输入员工编号: " TO ygbh
                DELETE FROM  员工表  WHERE  员工编号=ygbh
                SELECT * FROM  员工表
            ENDPROC
```

（3）运行主程序，分别进行不同的选择，看能否实现相应的功能。

【提示】上面的过程文件也可以放在主程序中，这样在主程序中就不必使用 SET PROCEDURE TO 命令打开过程文件了，形式如下:

```
            ****主程序 RSGL2.PRG****
            SET TALK OFF
            CLEAR
                ?"1--浏览员工信息"
                ?"2--查询员工信息"
                ?"3--删除员工信息"
            WAIT "请选择(1-3): " TO xz
            DO CASE
                CASE xz="1"
                    do ll
                CASE xz="2"
                    do cx
                CASE xz="3"
                    do sc
            ENDCASE
            RETURN
            PROCEDURE ll                    &&过程 ll
                USE  员工表
                BROWSE
                USE
            ENDPROC
            PROCEDURE cx                    &&过程 cx
                ACCEPT "请输入员工编号: " TO ygbh
                SELECT * FROM  员工表  WHERE  员工编号=ygbh
            ENDPROC
            PROCEDURE sc                    &&过程 sc
                ACCEPT "请输入员工编号: " TO ygbh
                DELETE FROM  员工表  WHERE  员工编号=ygbh
                SELECT * FROM  员工表
            ENDPROC
```

2. 新建下面的程序，运行后查看结果，掌握 Visual FoxPro 中参数传递的方法。

```
            ****主程序 CS.PRG****
            x1=20
            x2=30
```

```
SET UDFPARMS TO VALUE
DO test WITH x1,x2
?x1,x2
****过程 test****
PROCEDURE test
PARAMETERS a,b
x=a
a=b
b=x
ENDPRO
```

3．下面的程序检验过程调用中按值传递与按引用传递的区别。

（1）新建程序文件，内容如下：

```
****主程序 CS2.PRG****
CLEAR
SET TALK OFF
SET UDFPARMS TO VALUE
x=3
WAIT "按值传递结果如下（请按任意键）: "
DO one WITH x
? "用 DO 命令调用，变量 x 的值为：",x
x=3
one(x)
? "直接调用，变量 x 的值为：",x
SET UDFPARMS TO REFERENCE
WAIT "按引用传递结果如下（请按任意键）: "
DO one WITH x
? "用 DO 命令调用，变量 x 的值为：",x
x=3
one(x)
? "直接调用，变量 x 的值为：",x
****过程 one ****
PROCEDURE one
PARAMETER y
y=y+3
RETURN
```

（2）运行主程序 CS2.PRG。

4．下面程序的功能为利用自定义函数计算圆柱体的表面积。

```
****主程序 CAREA.PRG****
SET TALK OFF
INPUT "请输入圆柱体的半径" TO r
INPUT "请输入圆柱体的高" TO h
area=cylind(r,h)
?"圆柱体的表面积为：",area
```

```
RETURN
****自定义函数 cylind****
PROCEDURE cylind
PARAMETERS a,b
pi=3.14159
c=2*(pi*a^2)+2*pi*a*b
RETURN c
ENDPROC
```

5. 下面的程序利用自定义函数判断一元二次方程 $aX^2+bX+c=0$ 有无实根。

（1）新建程序文件，内容如下：

```
****EQU.PRG****
SET TALK OFF
CLEAR
SET PROCEDURE TO sub        &&打开过程文件 sub
INPUT "请输入一元二次方程的二次项系数 a：" TO a
INPUT "请输入一元二次方程的一次项系数 b：" TO b
INPUT "请输入一元二次方程的常数项 c：" TO c
IF root(a,b,c)=1
    ?"方程有实根"
ELSE
    ?"方程无实根"
ENDIF
RETURN
```

（2）新建程序文件，其中包含一个自定义函数。

```
****SUB.PRG****
FUNCTION root
PARAMETERS a,b,c
d=b*b-4*a*c
IF d>0 .OR. d=0
    RETURN 1            &&函数的返回值为 1
ELSE
    RETURN 0            &&函数的返回值为 0
ENDIF
ENDFUNC
```

（3）运行主程序 EQU.PRG。

第7章 表单设计与应用

实验 7.1 使用表单向导创建表单

一、实验目的

掌握表单的建立。

二、实验内容

使用"一对多表单向导"生成名为 MYFORM1.SCX 的表单。要求从父表"部门"表中选择"部门名称"和"部门编号"字段，从子表"员工"表中选择所有字段，使用"部门编号"建立两表之间的关系，样式为"边框式"，按钮类型为"图片按钮"，按"部门编号"降序排序，表单标题为"部门员工管理"。

1. 启动 Visual FoxPro，选择"文件"→"新建"命令，弹出"新建"对话框，如图 7-1 所示。选择"表单"选项，单击"向导"按钮，弹出"向导选取"对话框，如图 7-2 所示。选择"一对多表单向导"，单击"确定"按钮，进入"一对多表单向导"的"步骤 1-从父表中选定字段"，如图 7-3 所示。

图 7-1 "新建"对话框

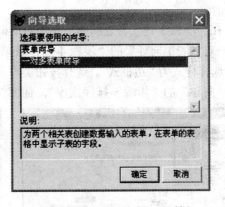

图 7-2 "向导选取"对话框

2. 从父表中选择字段。单击"数据库和表"右侧的▅按钮，在弹出的"打开"对话框中选择"工资管理"数据库中的"部门"表，则所有字段显示在"可用字段"下面的列表框中，如图 7-3 所示。选中"部门名称"、"部门编号"字段，单击▅按钮，将选定字段移到"选定字段"中，如图 7-4 所示。单击"下一步"按钮，进入"一对多表单向导"的"步骤 2-从子表中选定字段"，如图 7-5 所示。

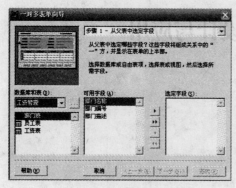

图 7-3 父表字段选择前

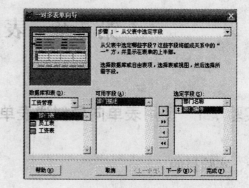

图 7-4 父表字段选择后

3．从子表中选定字段。同上步，选择子表"员工表"，单击 ▶▶ 按钮，将全部字段移到"选定字段"中。单击"下一步"按钮，进入"一对多表单向导"的"步骤 3-建立表之间的关系"，如图 7-6 所示。

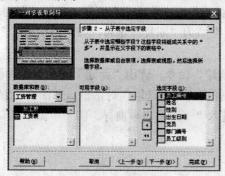

图 7-5 选择子表字段

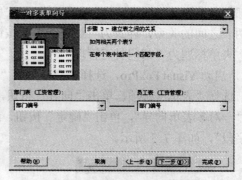

图 7-6 建立表间关系

4．在"步骤 3-建立表之间的关系"对话框中，选择"部门编号"，单击"下一步"按钮，进入"一对多表单向导"的"步骤 4-选择表单样式"，如图 7-7 所示。

5．选择样式为"边框式"，选择按钮类型为"图片按钮"，单击"下一步"按钮，进入"一对多表单向导"的"步骤 5-排序次序"，如图 7-8 所示。

图 7-7 表单样式

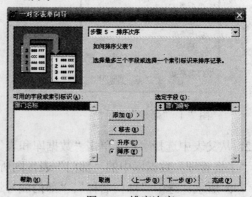

图 7-8 排序次序

6. 将"部门编号"添加到"选定字段"中，降序排列，如图 7-8 所示。单击"下一步"按钮，进入"一对多表单向导"的"步骤 6-完成"，如图 7-9 所示。

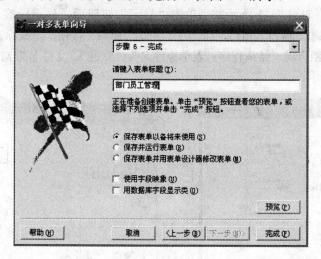

图 7-9 完成对话框

7. 输入表单标题"部门员工管理"，选择"保存并运行表单"，单击"完成"按钮，保存表单文件名为 myform1，运行结果如图 7-10 所示。

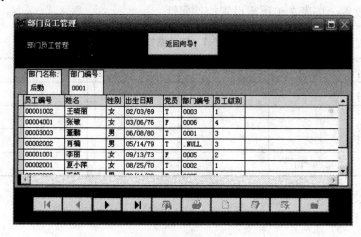

图 7-10 运行结果

实验 7.2 标签、命令按钮及文本框的使用

一、实验目的

1. 掌握标签、命令按钮及文本框控件的添加方法。
2. 掌握标签、命令按钮及文本框控件的属性设置。
3. 掌握命令按钮、文本框控件的代码设置。

二、实验内容

1. 设计表单，如图 7-11 所示。当单击"显示"按钮后，显示标签，并在标签上显示"Hello!"，字体为隶书、蓝色、粗体，18 号字；单击"隐藏"按钮，隐藏标签；单击"退出(E)"按钮或按〈Alt+E〉组合键，结束程序；表单控件名为"欢迎"，文件名为 MYFORM2.SCX，运行结果如图 7-12 所示。

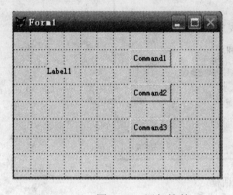

图 7-11 添加控件

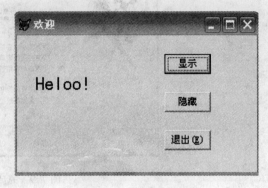

图 7-12 欢迎程序

（1）新建表单。添加 3 个命令按钮和 1 个标签。

（2）属性设置。按表 7-1 所示设置控件属性。

表 7-1 控件属性设置

控件名称	Caption	FontSize	ForeColor	FontBold	FontName
Label1		18	0,0,255	.T.	隶书
Command1	显示				
Command2	隐藏				
Command3	退出(\<E)				

（3）代码设置。

"显示"按钮的 Click 事件代码如下：

```
ThisForm.Label1.Visible=.T.
Thisform.Label1.Caption="Hello!"
```

"隐藏"按钮的 Click 事件代码如下：

```
ThisForm.Label1.Visible=.F.
```

"退出(\<E)"按钮的 Click 事件代码如下：

```
Relsase    ThisForm
```

2. 表单下有两个文本框（Text1 和 Text2），1 个命令按钮（Command1），2 个标签（Label1 和 Label2），如图 7.13 所示。Lable1 和 Label2 的标题分别为"用户名："和"密码："，Text1 的宽度为 80，高度为 30，Text2 的高度和宽度设为默认值，密码占位符为"*"，Command1

标题为 Cancel，将其设置为取消按钮，即通过按〈Esc〉键可以激活该按钮，单击该按钮，关闭并释放表单，表单文件名为 MYFORM3.SCX。

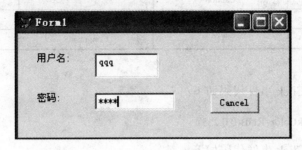

图 7-13　运行结果

（1）新建表单。添加 1 个命令按钮，2 个标签，2 个文本框。
（2）属性设置。按表 7-2 所示设置控件属性。

表 7-2　属性设置

控 件 名 称	Caption	Height	Width	PassWordChar	Cancel
Label1	用户名:				
Label2	密码:				
Command1	Cancel				.T.
Text1		30	80		
Text2		20	100	*	

（3）代码设置。

Cancel 按钮的 Click 事件代码如下：

    ThisForm.Release

3．设计一个文件名为 MYFORM4.SCX 更改背景颜色的表单，如图 7-14 所示，当单击表单上的不同按钮时，更改表单背景颜色，表单标题为"变色表单"。

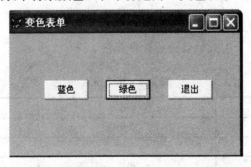

图 7-14　更改背景颜色

（1）新建表单。添加 3 个命令按钮
（2）属性设置。按表 7-3 所示设置控件属性。

表 7-3 属性设置

控 件 名 称	Caption	控 件 名 称	Caption
Form1	变色表单	Command2	绿色
Command1	蓝色	Command3	退出

（3）代码设置。

"蓝色"按钮的 Click 事件代码如下：

ThisForm.BackColor=RGB(0,0,255)

"绿色"按钮的 Click 事件代码如下：

ThisForm.BackColor=RGB(0,255,0)

"退出"按钮的 Click 事件代码如下：

ThisForm.Release

4．新建表单，如图 7-15 所示，表单文件名为 MYFORM5.SCX。在表单下添加 3 个命令按钮，通过设置控件的相关属性，使得表单运行时的开始焦点在"开始"命令按钮，接下来的焦点移动顺序是"关闭"和"退出"，使用"布局"工具栏将 3 个按钮顶边对齐，如图 7-16 所示。

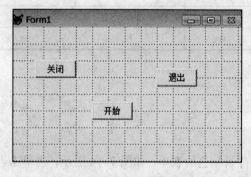
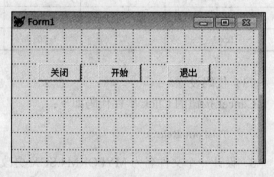

图 7-15　新建表单　　　　　　　　　　图 7-16　运行结果

（1）新建表单。添加 3 个命令按钮。

（2）属性设置。按表 7-4 所示设置各控件属性。

表 7-4　属性设置

控 件 名 称	Caption	Tabindex
Command1	关闭	2
Command2	开始	1
Command3	退出	3

（3）属性设置。选中 3 个命令按钮，单击"布局"工具栏中的"顶边对齐"按钮，使得 3 个命令按钮顶边对齐。

5．表单文件 MYFORM6.SCX 下包含 1 个标签、1 个文本框和 1 个命令按钮，如图 7-17 所示。设置"确定"按钮的 Click 事件代码，使当运行表单时，单击该命令按钮可以查询在文本框中输入的指定性别员工的信息，查询结果依次包含"员工编号"、"姓名"、"性别"、"党员否"和"部门编号"等信息。各个记录按"员工编号"降序排列，将查询结果存放在表"yuangong"中。设置完成后，运行表单，然后在文本框中输入"男"，单击"确定"按钮完成查询。

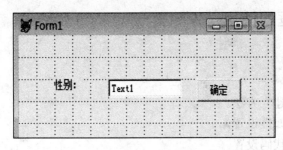

图 7-17　查询表单

操作步骤如下。

（1）新建表单。添加 1 个标签，1 个命令按钮，1 个文本框。

（2）代码设置。

"确定"按钮的 Click 的代码如下：

```
val=ALLTRIM(ThisForm.Text1.Value)
SELECT 员工编号,姓名,性别,党员,部门编号 FROM 员工表;
WHERE 性别=val ORDER BY 员工编号 DESC INTO TABLE yuangong
```

（3）运行表单。将男员工的信息保存在"yuangong"表中。

6．综合应用。

建立如图 7-18 所示的表单文件 MYFORM7.SCX。标签控件命名为 lab，文本框控件命名为 txt，命令按钮控件命名为 cmd。表单运行时在文本框中输入职员号，单击"查询"命令按钮查询该职员的信息（order 表），查询的信息包括订单号、日期、客户号和价格，按日期降序排序，并将结果存储到用"s"加上职员号命名的表文件中（如职员号是 101 的信息存储在 s101.dbf 文件中），完成查询后关闭表单。

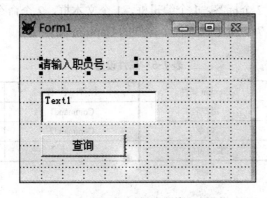

图 7.18　新建表单

```
emp=ThisForm.txt.Value
SELECT 职员号,订单号,客户号,日期,价格 FROM ORDER WHERE 职员号=emp;
ORDER BY 日期 DESC INTO DBF s&emp
ThisForm.Release
```

实验 7.3　编辑框的使用

一、实验目的

1．编辑框控件的建立方法。

2．编辑框控件的属性设置。

3．编辑框控件的代码设置。

二、实验内容

设计一个登录界面，如图 7-17 所示，在编辑框中输入"abc"，文本框中输入"123"，单击"登录"按钮，显示登录成功对话框，单击"退出"按钮，关闭表单，表单文件名为 MYFORM8.SCX。

图 7-19　登录界面

1．新建表单。添加 2 个标签，1 个编辑框，1 个文本框，2 个命令按钮。

2．属性设置。按表 7-5 所示设置各个控件的 Caption 属性值。

表 7-5　属性设置

控 件 名 称	Caption 属性	控 件 名 称	Caption 属性
Label1	用户名	Command1	登录
Label2	口令	Command2	退出
Form1	验证窗口		

3．代码设置。

"登录"按钮的 Click 事件代码如下：

```
IF ThisForm.Edit1.Value="abc" .AND. ThisForm.Text1.Value="123"
      MessageBox("登录成功！","注意！")
ELSE
      MessageBox("密码不正确，请重新登录！","注意！")
ENDIF
```

"退出"按钮的 Click 事件代码：

```
ThisForm.Release
```

实验 7.4　复选框的使用

一、实验目的

掌握复选框控件的使用。

二、实验内容

用复选框控件实现改变字体程序，表单文件名为 MYFORM9.SCX，如图 7-20 所示。

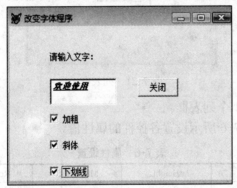

图 7-20　改变字体程序

1. 新建表单。添加 1 个标签，1 个文本框，1 个命令按钮，3 个复选框。
2. 属性设置。
3. 代码设置。

"斜体"复选框的 Click 事件代码如下：

"加粗"复选框的 Click 事件代码如下：

```
ThisForm.Text1.FontBold=.NOT.ThisForm.Text1.FontBold
ThisForm.Text1.FontItalic=.NOT.ThisForm.Text1.FontItalic
```

"下画线"复选框的 Click 事件代码如下：

```
ThisForm.Text1.FontUnderline=.NOT.ThisForm.Text1.FontUnderline
```

"关闭"按钮的 Click 事件代码如下：

```
ThisForm.Release
```

实验 7.5　列表框的使用

一、实验目的

熟练掌握列表框控件的使用。

二、实验内容

1. 如图 7-21 所示，在文件名为 MYFORM10.SCX 的表单中添加 1 个名为 Mylist 的列表框，设置相关属性，高度为 100，可以多重选择，当表单运行时，列表框中显示"员工表"中姓名字段的值。

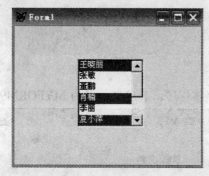

图 7-21　列表框

（1）新建表单。添加 1 个列表框。

（2）属性设置。按表 7-6 所示设置各控件的属性值。

表 7-6　属性设置

控件名称	Name	Height	Multiselect	RowSource	RowSourceType
List1	Mylist	100	.T.	员工表.姓名	6-字段

2. 如图 7-22 所示，在文件名为 MYFORM11.SCX 的表单中包含 1 个列表框，1 个命令按钮。按下面要求完成相应的操作：在表单的数据环境中添加"员工表"，将列表框设置为多选，表单运行后，列表框中显示"员工表"的结构，单击"显示"命令按钮，显示列表框中所选的"员工表"中指定字段的内容（例如，选择姓名、性别，单击"显示"按钮，则显示出姓名和性别两列内容）。

图 7-22　运行结果

（1）新建表单。添加 1 个列表框，1 个命令按钮。

（2）属性设置。按表 7-7 所示设置各控件的属性值。

表 7-7　属性设置

控 件 名 称	Name	Caption	Multiselect	RowSourceType	RowSource
Form1	Myformone				
List1			.T.	8-结构	选课
Command1		显示			

（3）代码设置。

"显示"按钮的 Click 事件代码如下：

```
s=""
f=.T.
FOR i=1 TO ThisForm.List1.ListCount
    IF ThisForm.List1.Selected(i)
      IF f
        s=ThisForm.List1.List(i)
        f=.F.
      ELSE
        s=s+","+ThisForm.List1.List(i)
      ENDIF
    ENDIF
ENDFOR
SELECT &s FROM 员工表
```

实验 7.6　组合框的使用

一、实验目的

掌握组合框控件的使用。

二、实验内容

如图 7-23 所示，在名为 MYFORM12 的表单文件中包含 2 个标签，1 个组合框和 1 个文本框。组合框为下拉列表框，文本框为只读状态，将"工资表"添加到数据环境中，当表单运行后，组合框中显示工资表中的员工编号字段内容，编写组合框的 InteractiveChange 事件代码，使得当用户从组合框中选择了某个员工编号，能够在文本框中自动显示该员工的应发工资。

（1）新建表单。添加 1 个组合框，1 个文本框，2 个标签。

（2）属性设置。按表 7-8 所示设置各控件的属性值。

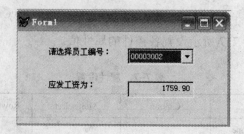

图 7-23 运行结果

表 7-8 属性设置

控件名称	Caption	Readonly	RowSourceType	RowSource	Style
Label1	请选择员工编号：				
Label2	应发工资为：				
Combo1			6-字段	工资表.员工编号	2-下拉列表框
Text1		.T.			

（3）代码设置。

组合框 Combo1 的 InteractiveChange 事件代码如下：

SELECT 应发工资 FROM 工资表 WHERE 员工编号=ThisForm.Combo1.Value INTO ARRAY a
ThisForm.Text1.Value=a

实验 7.7   计时器的使用

一、实验目的

掌握计时器控件的使用。

二、实验内容

如图 7-24 所示，在文件名为 **MYFORM13.SCX** 的表单中自动显示系统时间，单击"暂停"按钮，时间暂停，单击"继续"按钮，继续显示系统时间，单击"退出"按钮，关闭并释放表单。

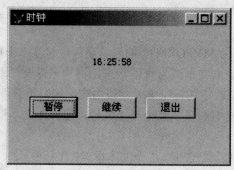

图 7-24   计时器控件

（1）新建表单。添加 1 个计时器，3 个命令按钮。

（2）属性设置。按表 7-9 所示设置各控件的属性值。

表 7-9　属性设置

控 件 名 称	Caption	Alignment	AutoSize	Interver
Form1	时钟			
Command1	暂停			
Command2	继续			
Command3	退出			
Timer1				500
Label1		2-中央	.T.	

（3）代码设置。

【提示】使用计时器控件，将该控件的 Interval 属性设置为 500，即每 500 毫秒触发一次计时器控件的 Timer 事件（显示一次系统时间）；如果将计时器控件的 Interval 属性设置为 0 将停止触发 Timer 事件；在设计表单时将 Timer 控件的 Interval 属性设置为 500。

计时器的 Timer 事件代码如下：

　　ThisForm.Label1.Caption=TIME()

"暂停"按钮的 Click 事件代码如下：

　　ThisForm.Timer1.Interval=0

"继续"按钮的 Click 事件代码如下：

　　ThisForm.Timer1.Interval=500

"退出"按钮的 Click 事件代码如下：

　　ThisForm.Release

实验 7.8　微调控件的使用

一、实验目的

微调控件的使用。

二、实验内容

设计一个文件名为 MYFORM14.SCX 的表单，如图 7-25 所示，利用微调控件改变员工级别，单击"查询"按钮，查询该员工级别下的员工信息，单击"关闭"按钮，关闭并释放表单。

（1）新建表单。添加 1 个微调控件，2 个命令按钮。

（2）属性设置。按表 7-10 所示设置各控件属性值。

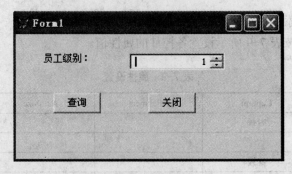

图 7-25　微调控件

表 7-10　属性设置

控 件 名 称	Caption	Value	SpinnerHighValue	SpinnerLowValue
Spinner1		1	6	1
Command1	查询			
Command2	关闭			

（3）代码设置。

"查询"按钮的 Click 的事件代码如下：

> X=ALLTRIM(STR(ThisForm.Spinner1.Value))
> SELECT 员工级别,员工编号,姓名,性别,出生日期,党员,部门编号;
> FROM 员工表 WHERE 员工级别=X

"关闭"按钮的 Click 的事件代码：

> ThisForm.Release

实验 7.9　选项组控件的使用

一、实验目的

1. 掌握选项组控件的建立方法。
2. 掌握选项组控件的使用。

二、实验内容

1. 设计表单如图 7-26 所示，表单标题为"工资情况统计"。表单中有一个选项组控件，包含 2 个单选按钮（Option1 和 Option2），标题为"升序"和"降序"，2 个命令按钮控件（Command1 和 Command2），其标题分别为"查询"和"退出"。当运行表单时，首先选择选项组中的选项，然后单击"查询"命令按钮，按照所选择的选项以工资"升序"或"降序"排列，将查询结果分别存储到表文件 one1 和 one2 中，单击"退出"按钮关闭并释放表单，表单文件名为 MYFORM.15.SCX。

（1）新建表单。添加 1 个选项组控件，2 个命令按钮。

图 7-26　选项组控件

（2）属性设置。选项组中的选项设置使用生成器来完成，其他各控件的属性设置按表 7-11 所示。

表 7-11　属性设置

控 件 名 称	Caption	控 件 名 称	Caption
Form1	工资情况统计	Option1	升序
Command1	查询	Option2	降序
Command2	退出		

（3）代码设置。

"查询"按钮的 Click 事件代码如下：

```
IF ThisForm.Optiongroup1.Option1.Value=1 THEN
    SELECT 姓名,员工表.员工编号,出生日期,应发工资 FROM 员工表,工资表;
        WHERE 员工表.员工编号=工资表.员工编号 ORDER BY 应发工资 INTO TABLE ONE1
ELSE
    SELECT 姓名,员工表.员工编号,出生日期,应发工资 FROM 员工表,工资表;
        WHERE 员工表.员工编号=工资表.员工编号 ORDER BY 应发工资 DESC INTO TABLE ONE2
ENDIF
```

"退出"按钮的 Click 事件代码如下：

```
ThisForm.Release
```

2. 设计一个完成计算器功能的表单 MYFORM16.SCX，表单控件名和标题均为"计算器"。表单运行时，分别在标签（Label1 和 Label2）"数 1"和"数 2"下面的文本框（Text1 和 Text2）中输入数字（不接受其他字符输入），通过选项组选择计算方法（+、-、*、/），然后单击"计算"命令按钮，计算结果在标签（Label3）"计算结果"下面的文本框（Text3）中显示出来，Text3 为只读状态。单击"关闭"按钮关闭并释放表单。要求使用 DO CASE 语句进行判断选择的计算分类，在 CASE 表达式中直接引用选项组的相关属性。

（1）新建表单。添加 2 个命令按钮，3 个标签，3 个文本框，1 个选项按钮组。

（2）属性设置。选项组通过生成器完成属性设置，其他控件属性设置按表 7-12 所示。

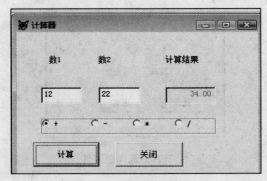

图 7-27　计算器功能表单

表 7-12　属性设置

控 件 名 称	Caption	控 件 名 称	Caption	Readonly
Form1	计算器	Command1	计算	
Label1	数 1	Command2	关闭	
Label2	数 2	Text1		
Label3	计算结果	Text2		
		Text3		.T.

（3）代码设置。

"计算"按钮的 Click 事件代码如下：

```
DO CASE
    CASE ThisForm.OptionGroup1.Value=1
        ThisForm.Text3.Value=;
        val(ThisForm.Text1.Value)+val(ThisForm.Text2.Value)
    CASE ThisForm.OptionGroup1.Value=2
        ThisForm.Text3.Value=;
        val(ThisForm.Text1.Value)-val(ThisForm.Text2.Value)
    CASE ThisForm.OptionGroup1.Value=3
        ThisForm.Text3.Value=;
        val(ThisForm.Text1.Value)*val(ThisForm.Text2.Value)
    CASE ThisForm.OptionGroup1.Value=4
        ThisForm.Text3.Value=;
        val(ThisForm.Text1.Value)/val(ThisForm.Text2.Value)
ENDCASE
```

"关闭"按钮的 Click 事件代码如下：

```
ThisForm.Release
```

实验 7.10　表格的使用

一、实验目的

1. 掌握表格控件的建立方法。

2．熟练掌握表格控件的使用。

二、实验内容

1．设计一个文件名为 MYFORM7.SCX 的表单，如图 7-28 所示，表单以表格方式显示"部门表"中的全部记录，在该表单下方有一个命令按钮，标题为"退出"，单击该按钮退出表单。

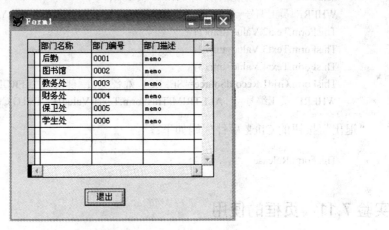

图 7-28　表单

（1）新建表单。添加 1 个命令按钮。

在"表单设计器"中右击，在弹出的快捷菜单中选择"数据环境"命令，在弹出的"打开"对话框中选中"部门表"并单击"确定"按钮，关闭"添加表或视图"对话框。在"数据环境设计器"中选定"部门表"并按住鼠标不放，拖至"表单设计器"窗口中，释放鼠标。

（2）代码设置。

"退出"按钮的 Click 事件代码如下：

```
ThisForm.Release
```

2．设计一个文件名为 MYFORM18.SCX 的表单，如图 7-29 所示，在表单中添加 4 个标签，4 个文本框，2 个命令按钮，1 个表格。当运行表单时，在 Text1 中输入员工编号，单击"查询"按钮，分别在 Text2、Text3 和 Text4 中显示姓名、性别和出生日期，同时在右侧表格中显示姓名、党员和部门编号信息。单击"退出"按钮关闭并释放表单。

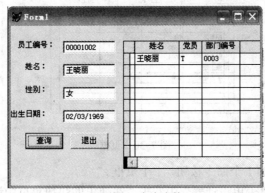

图 7-29　查询表格

（1）新建表单。添加 4 个标签，4 个文本框，2 个命令按钮，1 个表格。

（2）属性设置。表格的 RecordSourceType 属性选择"4—SQL 说明"。

（3）代码设置。

"查询"按钮的 Click 事件代码如下：

```
SELECT 姓名,性别,出生日期 FROM 员工表;
WHERE 员工编号=ALLTRIM(ThisForm.Text1.Value) INTO ARRAY tmp
ThisForm.Text2.Value=tmp(1)
ThisForm.Text3.Value=tmp(2)
ThisForm.Text4.Value=tmp(3)
ThisForm.Grid1.RecordSource="SELECT 姓名,党员, 部门编号 FROM 员工表;
WHERE 员工编号='"+ALLTRIM(ThisForm.Text1.Value)+"' INTO CURSOR LSB"
```

"退出"按钮的 Click 事件代码如下：

```
ThisForm.Release
```

实验 7.11　页框的使用

一、实验目的

掌握页框控件的使用方法。

二、实验内容

新建表单满足如下要求。

1．表单中包含 1 个页框控件 PageFrame1,该页框含有 3 个页面，页面的标题依次为"部门表"（Page1）、"工资表"（Page2）和"员工表"（Page3）。

2．表单中包含 1 个命令按钮，单击该按钮关闭并释放表单，表单文件名为 MYFORM19.SCX，如图 7-30 所示。

图 7-30　页框

（1）新建表单。添加 1 个命令按钮，1 个页框。

（2）属性设置。在"表单设计器"中右击，在弹出的快捷菜单中选择"数据环境"命令，在弹出的"打开"对话框中，选择"部门表"并单击"确定"按钮。在"添加表或视图"对话框中，单击"其他"按钮，选择"工资表"并单击"确定"按钮，单击"其他"按钮，选择"员工表"并单击"确定"按钮，最后单击"关闭"按钮关闭"添加表或视图"对话框，如图 7-31 所示。

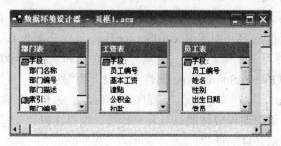

图 7-31　数据环境

在"表单设计器"中添加"页框"控件，在"属性"的 PageCount 处输入"3"，接着选中这个"页框"并右击，在弹出的快捷菜单中选择"编辑"命令，再单击"Page1"，在其"属性"的 Caption 处输入"部门表"，接着在"数据环境"中选中"部门表"按住不放，再移动鼠标到"页框"内，最后松开鼠标。以同样的方法将"工资表"、"员工表"分别添加到"Page2"和"Page3"中。

3．代码设置。

"关闭"按钮的 Click 事件代码如下：

```
ThisForm.Release
```

实验 7.12　综合应用练习

一、实验目的

掌握表单及各种控件的综合应用。

二、实验内容

【练习 7-1】打开"练习 7-1"文件夹下的表单 Form1，如图 7-32 所示，表单中包含 1 个标签，1 个文本框，1 个表格，2 个命令按钮。按要求完成以下操作。

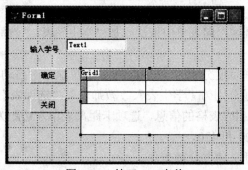

图 7-32　练习 7-1 表单

1．通过"属性"窗口，将表格 Grid1 的 RecordSourceType 属性值设置为"4-SQL 说明"。

2．编写"确定"按钮的 Click 事件代码，当单击该按钮时，表格 Grid1 的内容将显示文本框 Text1 中指定学号的信息（包括姓名、性别、专业、出生日期、课程名、成绩等信息）。

3．单击"关闭"按钮，关闭并释放表单。

【练习 7-2】在"练习 7-2"文件夹下建立表单 Myform，在表单中添加表格控件，并通过该控件显示"教师"表的内容（要求 RecordSourceType 属性必须为 0）。

【练习 7-3】在"练习 7-3"文件夹下建立一个文件名和表单名均为 One 的表单文件，表单上有表格控件 Grid1（RecordSourceType 属性手工设置为"别名"），再添加 1 个文本框 Text1，1 个命令按钮 Command1，标题为"确定"。程序运行后，在文本框中输入学号，然后单击"确定"按钮，统计该学生所选课程成绩的总分和平均分，保存在以该学号命名的 DBF 文件的同时，在 Grid1 控件中显示计算的结果。

【练习 7-4】在"练习 7-4"文件夹下建立表单 Form1，表单中包含 2 个标签，2 个命令按钮，1 个选项按钮组，1 个组合框，如图 7-33 所示。将组合框的 RowSourceType 和 RowSource 属性设置为 5 和 a，然后在表单的 Load 事件代码中定义数组 a 并赋值，使得程序在开始运行时，组合框中有可以选择的成绩"实例"60，70 和 80。编写"生成"按钮的 Click 事件代码，当表单运行时，根据选项按钮组和组合框中选定的值，将"课程"表中成绩满足条件的所有记录存入自由表 ss.dbf 中，表中的记录按成绩降序排序，成绩相同的按学号升序排序。单击"关闭"按钮，释放表单。

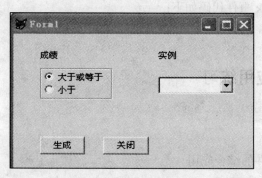

图 7-33　练习 7-4 表单

【练习 7-5】在"练习 7-5"文件夹下打开"教学"数据库，完成如下操作。

1．设计一个表单，表单上包含 4 个选项卡的页框（Pageframe1）控件和 1 个"关闭"命令按钮。

2．为表单建立数据环境，向表单中依次添加"学生"表、"教师"表、"选课"表和"课程"表。

3．要求表单的高度和宽度分别为 300 和 500，表单显示时自动在主窗口内居中。

4．4 个选项卡的标题分别为"学生表"、"教师表"、"选课表"和"课程表"，每个选项卡分别以表格的形式浏览相应表格的信息，选项卡距离表单左边距为 20，顶边距为 15，选项卡的高度和宽度分别为 220 和 420。

5．单击"关闭"按钮关闭并释放表单。

第 8 章　菜单设计与应用

实验 8.1　下拉式菜单设计

一、实验目的

1. 理解菜单设计的基本概念和过程。
2. 熟练使用"菜单设计器"进行菜单设计。
3. 掌握下拉式菜单的设计方法。

二、实验内容

建立一个下拉式菜单，如图 8-1 所示。新建立的菜单文件名为 MYMENU。

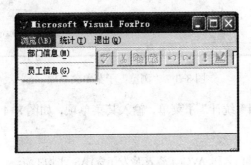

图 8-1　下拉菜单设计

菜单结构如下：

> 浏览
>> 部门信息
>> 员工信息
>
> 统计
>> 部门平均工资
>
> 退出

操作步骤如下。

1. 打开菜单设计器。

2. 输入菜单栏各菜单项，如图 8-2 所示。

3. 编辑"浏览"子菜单，输入各个菜单项，如图 8-3 所示。将"结果"列设置为过程，并分别单击"创建"按钮，过程代码如下：

"部门信息"过程代码：SELECT * FROM 部门表
"员工信息"过程代码：SELECT * FROM 员工表

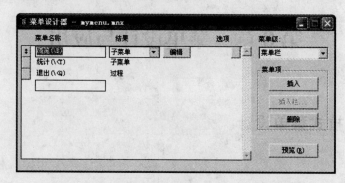

图 8-2　菜单栏各菜单项

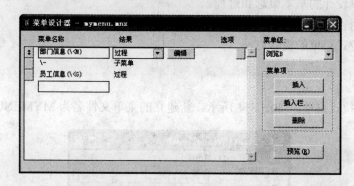

图 8-3　"浏览"子菜单菜单项

4. 返回菜单栏，编辑"统计"子菜单，输入其菜单项，如图 8-4 所示。设置结果列为"过程"，　过程代码如下：

```
SELECT  部门表.部门名称, AVG(工资表.应发工资) AS  平均工资;
  FROM    部门表 JOIN 员工表 JOIN 工资表;
    ON   工资表.员工编号 = 员工表.员工编号;
    ON   部门表.部门编号 = 员工表.部门编号;
  GROUP BY 部门表.部门名称
```

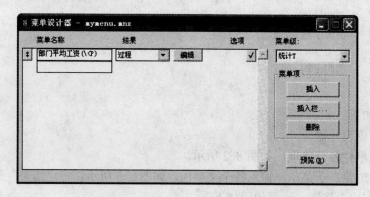

图 8-4　"统计"子菜单菜单项

5. 设置"部门平均工资"子菜单的快捷键，单击选项列下面的无符号按钮，弹出如图 8-5 所示的对话框，将光标定位于"键标签"后面的文本框中，在键盘上按下要设为快捷键的组合键〈CTRL+P〉，所按的组合键就会出现在"键标签"文本框中。

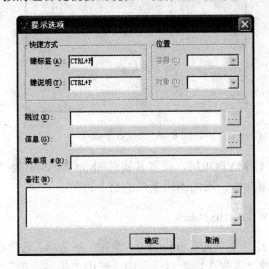

图 8-5 "提示选项"对话框

6. 返回菜单栏，设置"退出"子菜单，结果列为"过程"，并添加命令语句：SET SYSMENU TO DEFAULT。

7. 保存菜单文件 MYMENU.MNX。选择"文件"→"保存"命令，保存文件。

【提示】保存菜单文件要指明保存路径，保存后磁盘生成两个文件 MYMENU.MNX 和 MYMENU.MNT。

8. 生成菜单程序文件 MYMENU.MPR。选择"菜单"→"生成"命令，生成菜单程序文件。

【提示】生成的菜单程序文件最好保存在菜单文件所在的路径，以便调用方便。如果再次修改菜单则还要重新生成菜单程序文件。

9. 菜单调试运行。在命令窗口输入命令执行菜单：DO mymenu.mpr。

【提示】执行菜单程序时，如未设置默认路径，需在 MYMENU.MPR 前加上文件所在路径。菜单程序文件运行后，自动生成 MYMENU.MPX 文件。

实验 8.2 顶层表单菜单设计

一、实验目的

1. 掌握为顶层表单添加菜单的设计步骤。
2. 熟练掌握顶层菜单的设计方法。
3. 通过比较了解如何将下拉式菜单添加到顶层表单。

二、实验内容

设计一个表单文件 MYFORM 添加实验 8.1 中建立的菜单 MYMENU，如图 8-6 所示。

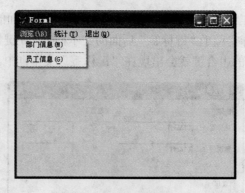

图 8-6　顶层表单设计

1．新建一个表单文件 MYFORM，设置其属性 ShowWindow 为"2-作为顶层表单"。
2．在表单的 Load 事件中，添加调用菜单的命令语句：

　　DO mymenu.mpr WITH THIS, "abc"。

3．利用菜单设计器打开菜单文件 mymenu，设置常规选项。选择系统菜单"显示"→"常规选项"命令，在弹出的"常规选项"对话框中，选中"顶层菜单"复选框。
4．修改"退出"子菜单中的过程代码，加入一条释放表单的命令语句，过程代码如下：

　　MYFORM.RELEASE
　　SET SYSMENU TO DEFAULT

【提示】释放表单的命令语句必须使用表单名而不能用 THISFORM 来调用 RELEASE 方法。

5．生成菜单程序文件 MYMENU.MPR。
6．运行表单文件，测试菜单。

实验 8.3　快捷菜单设计

一、实验目的

1．理解快捷菜单设计的基本概念和过程。
2．熟练使用"快捷菜单设计器"进行快捷菜单设计。
3．掌握快捷菜单的设计方法。

二、实验内容

利用快捷菜单设计器创建一个弹出式菜单 ONE，菜单有"增加"和"删除"两个选项，两个选项之间用分隔线分隔。设计一个表单 MYFORM，在表单上右击，则弹出快捷菜单 ONE，如图 8-7 所示。
1．创建"快捷菜单"。选择"文件"→"新建"→"菜单"命令，在弹出的"新建菜单"对话框中，单击"快捷菜单"。在打开的"快捷菜单设计器"中设计如图 8-8 所示的菜单。

图 8-7　弹出式菜单

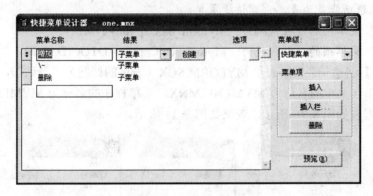

图 8-8　快捷菜单的结构

2. 保存并生成菜单文件"one.mnx"和"one.mpr"。

3. 新建表单"myform.scx"。

4. 编写表单的 RightClick 事件代码。在表单的 RightClick 事件代码窗口中输入如下命令：

  DO one.mpr

5. 运行表单，右击鼠标调用快捷菜单。

实验 8.4　综合应用练习

一、实验目的

掌握菜单的综合应用。

二、实验内容

【练习 8-1】建立表单，表单文件名和表单控件名均为 MYFORM_DA。为表单建立快捷菜单 SCMENU_D，快捷菜单有选项"时间"和"日期"，如图 8-9 所示。运行表单时，在表单上右击弹出快捷菜单，选择快捷菜单的"时间"项，表单标题将显示当前系统时间，选择快捷菜单"日期"项，表单标题将显示当前系统日期。注意，显示时间和日期用过程实现。

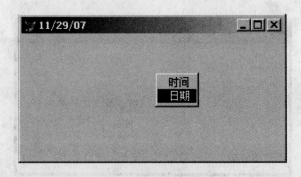

图 8-9　简单菜单设计效果

【提示】此题功能是为表单创建快捷菜单。

1. "时间"菜单项的过程代码为：Myform_da.Caption=TIME()

2. "日期"菜单项的过程代码为：Myform_da.Caption=DTOC(DATE())

【练习 8-2】创建一个顶层表单 MYFORM.SCX（表单的标题为"考试"），然后创建并在表单中添加菜单（菜单的名称为 MYMENU.MNX，菜单程序的名称为 MYMENU.MPR）。练习中用到的数据表如图 8-10 所示，效果如图 8-11 所示。

图 8-10　菜单设计表结构

图 8-11　菜单设计效果

菜单命令"统计"和"退出"的快捷键分别为"T"和"R"，功能都通过执行过程完成。

菜单命令"统计"的功能是以客户为单位，从 customer 和 orders 表中求出订单金额的和。统计结果包含"客户号"、"客户名"和"合计"3 项内容，其中"合计"是指与某客户所签所有订单金额的和。统计结果应按"合计"降序排序，并存放在 tabletwo 表中。

菜单命令"退出"的功能是释放并关闭表单。

最后，请运行表单并依次执行其中的"统计"和"退出"菜单命令。

【提示】菜单项"统计"的过程代码如下：

```
SELECT customer.客户号,客户名,SUM(金额) AS 合计 FROM orders,customer;
WHERE orders.客户号=customer.客户号 GROUP BY customer.客户号;
ORDER BY 合计 DESC INTO TABLE tabletwo
BROWSE
```

【练习 8-3】综合练习题。

1. 创建一个下拉式菜单 MYMENU.MNX，运行该菜单程序时会在当前 Visual FoxPro 系统菜单的末尾追加一个"考试"子菜单，如图 8-12 所示。

图 8-12　"考试"菜单

菜单命令"统计"和"返回"的功能都通过执行过程完成。

菜单命令"统计"的功能是以某年某月为单位求订单金额的和。统计结果包含"年份"、"月份"和"合计"3 项内容（若某年某月没有订单，则不应包含记录）。统计结果应按年份降序、月份升序排序，并存放在 TABLETWO 表中。

菜单命令"返回"的功能是返回标准的系统菜单。

2. 创建一个项目 MYPROJECT.APP，并将已经创建的菜单 MYMENU.MNX 设置成主文件，然后连编产生应用程序 MYPROJECT.APP。最后运行 MYPROJECT.APP，并依次执行"统计"和"返回"菜单命令。

【提示】

（1）菜单项"统计"的过程代码如下：

```
SELECT YEAR(签订日期) AS 年份,MONTH(签订日期) AS 月份,SUM(金额) ;
AS 合计 FROM orders GROUP BY 年份,月份 ORDER BY 年份 DESC,月份;
INTO TABLE tabletwo
```

（2）菜单项"退出"的过程代码如下：

```
SET SYSMENU TO DEFAULT
```

（3）新建项目 myproject.app，将菜单 mymenu.mnx 添加到此项目并设置为主文件。

（4）在项目管理器中单击"连编"、"连编应用程序"，输入程序名 MYPROJECT.APP。

第9章 创建报表与标签

实验 9.1 使用报表向导创建简单报表

一、实验目的

1. 掌握使用向导方式创建简单报表的方法。
2. 掌握报表文件的预览及保存。

二、实验内容

利用报表向导，对"工资管理数据库"中的"员工表"创建报表。报表中包括"员工表"中的全部字段，按"部门编号"进行分组，报表样式用"账务式"，报表中数据按"员工编号"升序排列，报表标题为"员工信息表"，其余按默认设置。将报表文件命名为 REPORT1.FRX。预览报表的结果如图 9-1 所示。

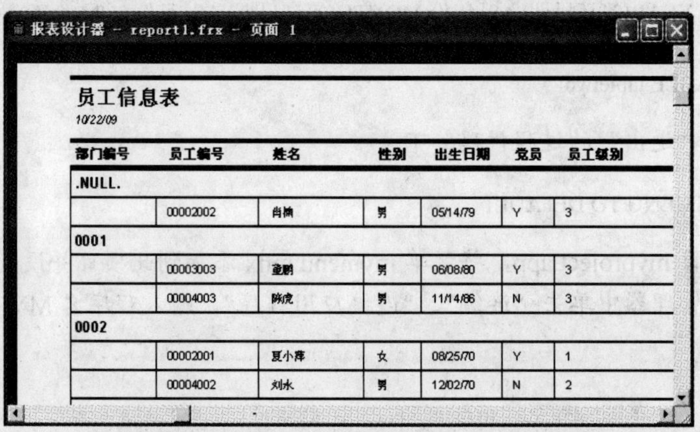

图 9-1 报表 REPORT1.FRX 的预览结果

1. 打开报表向导。

【提示】选择"文件"→"新建"命令，弹出"新建"对话框后选择"报表"，单击"向导"按钮，在弹出的"向导选取"对话框中选择"报表向导"，单击"确定"按钮。

【技巧】直接单击工具栏上的报表向导图标按钮 或在系统菜单中选择"工具"→"向导"→"报表"命令可直接打开"向导"对话框。

2. 字段选取。

【提示】在报表向导"步骤 1-字段选取"对话框中单击"数据库和表"右侧的 按钮，

打开"员工表"，通过 按钮可将"可用字段"列表框中的全部字段添加到"选定字段"列表中。

3．分组记录。

【提示】在"分组记录"对话框的下拉列表框中选择"部门编号"分组字段。

4．选择报表样式为"账务式"。

5．在定义报表布局步骤中按默认选项进行下一步操作。

6．排序记录。

【提示】在"排序记录"对话框中通过 添加(①) > 按钮选择"员工编号"字段作为排序字段。

7．输入标题并保存报表。

【提示】在"完成"对话框的报表标题中输入"员工信息表"，选择"保存报表以备将来使用"。在单击"完成"按钮前，可预览观看页面效果，如图 9-1 所示。最后，单击"完成"按钮，在弹出的"另存为"对话框中，输入报表的名称为 REPORT1.FRX。

实验 9.2　使用报表向导创建一对多报表

一、实验目的

1．掌握使用报表向导创建一对多报表。
2．掌握报表文件的预览及保存。

二、实验内容

利用报表向导，为"工资管理数据库"中的"员工表"和"部门表"创建报表。报表中包括"员工表"中"员工编号"、"姓名"、"性别"、"出生日期"字段和"部门表"中的"部门名称"字段。报表样式用"简报式"，报表中的数据按"部门编号"升序排列，报表标题为"各部门员工信息表"，其余按默认设置。将报表文件命名为 REPORT2.FRX。预览报表的结果如图 9-2 所示。

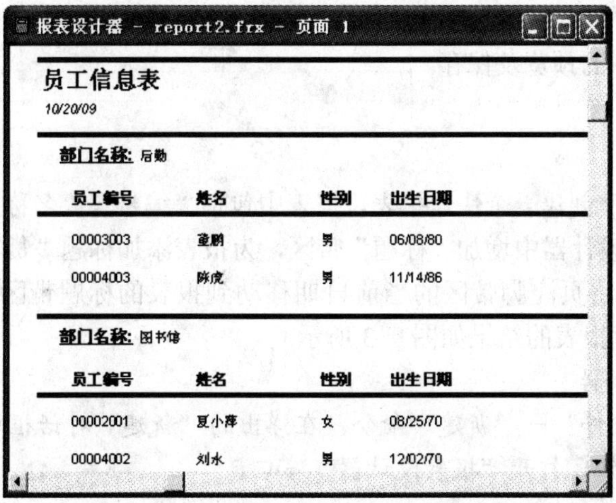

图 9-2　报表 REPORT2.FRX 的预览结果

1. 打开报表向导。

【提示】选择"文件"→"新建"命令，弹出"新建"对话框后选择"报表"，单击"向导"按钮，在弹出的"向导选取"对话框中，选择"一对多报表向导"，单击"确定"按钮。

2. 父表字段选取。

【提示】在报表向导"步骤1-从父表选择字段"对话框中单击"数据库和表"右侧的 ▨ 按钮，打开"部门表"，通过 ▸ 按钮可将"可用字段"列表框中的"部门名称"字段添加到"选定字段"列表中。

3. 子表字段选取。

【提示】在报表向导"步骤2-从子表选择字段"对话框中选择"数据库和表"列表框中的"员工表"，通过 ▸ 按钮将"可用字段"列表框中的"员工编号"、"姓名"、"性别"及"出生日期"字段添加到"选定字段"列表中。

4. 为表建立关系。

【提示】在"为表建立关系"窗口中，系统默认将两个表相同的字段作为匹配字段。

5. 排序记录。

【提示】在"排序记录"对话框中通过 添加(D) ▸ 按钮选择"部门编号"字段作为排序字段。

6. 选择报表样式为"简报式"。

7. 输入标题并保存报表。

【提示】在"完成"对话框的报表标题文本框中输入"员工信息表"。在单击"完成"按钮前，可预览观看页面效果，如图9-2所示。最后，单击"完成"按钮。在弹出的"另存为"对话框中，输入报表的名称为REPORT2.FRX。

实验9.3 使用快速报表创建并修改报表

一、实验目的

1. 掌握使用快速报表方式创建简单报表的方法。
2. 熟悉报表设计器的使用。
3. 掌握报表文件的预览及保存。

二、实验内容

为"货物信息表"创建一个快速报表，报表中包括"编号"、"名称"、"产地"及"单价"字段。在打开的报表设计器中增加"标题"带区，为报表添加标题"货物信息一览表"，并为标题添加两条直线。将页注脚带区的当前日期移动到报表的标题带区。将报表文件命名为REPORT3.FRX，预览报表的结果如图9-3所示。

1. 打开报表设计器

【提示】选择"文件"→"新建"命令，在弹出的"新建"对话框中选择"报表"，然后单击"新建文件"按钮，打开"报表设计器"窗口。

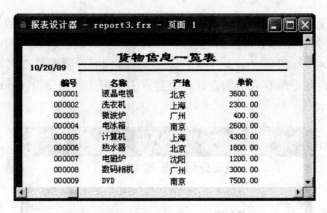

图 9-3　报表 REPORT3.FRX 的预览结果

2．打开快速报表窗口。

【提示】选择"报表"→"快速报表"命令，在弹出的"打开"对话框中选择"货物信息表.dbf"作为数据源，然后弹出"快速报表"对话框。

3．字段选取。

【提示】在"快速报表"对话框中，单击"字段"按钮，在弹出的"字段选择器"对话框中选择"编号"、"名称"、"产地"及"单价"字段。

4．添加"标题/总结"带区。

【提示】选择"报表"→"标题/总结"命令，在"标题/总结"对话框中的"报表标题"类型中选择"标题带区"，单击"确定"按钮。

5．添加标签控件。

【提示】选择"显示"→"报表控件工具栏"命令，在打开的"报表控件"中单击 A 按钮，在报表的"标题带区"中单击，输入"货物信息一览表"，并适当设置标签的外观。

6．添加线条。

【提示】单击"线条"按钮，横贯"标题"带区下沿画两条水平线。

7．更改日期位置。

【提示】用鼠标将页注脚带区的日期域控件拖入标题带区，调整各控件的位置。

8．预览并保存报表。

实验 9.4　创建分组报表

一、实验目的

1．掌握分组报表的创建。
2．熟悉报表设计器的使用。
3．掌握报表文件的预览及保存。

二、实验内容

使用报表设计器为"工资管理数据库"中的"员工表"建立一个报表，要求为：报表的内容（细节带区）是员工表的员工编号、姓名、出生日期和性别字段；增加数据分组，分组表达式是"部门编号"，组标头带区的内容是"部门编号"，组注脚带区的内容是该组人数的合计；增加标题带区，标题是"员工分组汇总表（按部门）"，要求是 3 号字、黑体；增加总结带区，该带区的内容是所有人数的合计；将建立的报表文件保存为 report4.frx.。预览报表的结果如图 9-4 所示。

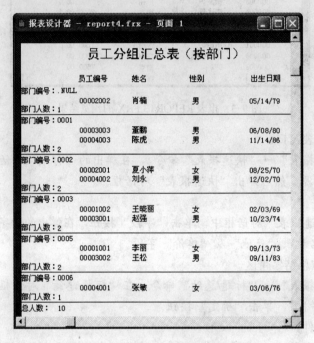

图 9-4　报表 report4.frx 的预览结果

操作步骤如下。

1．分组字段必须设置索引。

【提示】在表设计器中为员工表"部门编号"字段建立索引。

2．新建报表。

【提示】选择"文件"→"新建"命令，在弹出的"新建"对话框中选择"报表"，单击"新建文件"按钮，打开"报表设计器"窗口。

3．添加表到报表数据环境。

【提示】在"报表设计器"中右击鼠标，选择"数据环境"命令，在"数据环境设计器"窗口中再右击鼠标，选择"添加"命令，在"打开"对话框中选择"员工表"，单击"添加"按钮，再关闭"添加表或视图"对话框。

4．设置"页标头"带区。

【提示】向页标头带区添加标签"员工编号"、"姓名"、"性别"和"出生日期"，调整好各标签的位置。

5．设置"细节"带区。

【提示】将"数据环境设计器"中的"员工编号"、"姓名"、"性别"和"出生日期"字段用鼠标拖曳的方式放入"细节"带区，并调整"细节"带区的位置。

6. 设置控制索引。

【提示】在数据环境中选定"员工表",右击鼠标,选择"属性"命令,在"属性"窗口的 Order 处选择"部门编号"。

7. 设置分组。

【提示】选择"报表"→"数据分组"命令,在弹出的"数据分组"对话框中单击▢按钮,在"表达式生成器"对话框中双击"部门编号"项,则在"按表达式分组记录<expr>"处生成"员工表.部门编号",单击"确定"按钮返回到"数据分组"对话框中,再单击"确定"按钮。

8. 设置"组标头"带区。

【提示】向"组标头 1:部门编号"带区添加标签"部门编号:",将"数据环境设计器"中的"部门编号"字段用鼠标拖曳的方式放入该标签后面。

9. 设置"组注脚"带区。

【提示】向"组注脚 1:部门编号"带区添加标签"部门人数:",将"数据环境设计器"中的"员工编号"字段用鼠标拖曳的方式放入该标签后面,然后双击该控件,在弹出的"报表表达式"对话框中单击"计算"按钮,在"计算字段"对话框中选定"计数"单选按钮后单击"确定"按钮返回,再单击"确定"按钮返回到"报表设计器"窗口。然后单击"线条"按钮,横贯"组注脚 1:部门编号"带区下沿画 1 条水平线。

10. 增加"标题/总结"带区。

【提示】选择"报表"→"标题 / 总结"命令,在弹出的"标题/总结"对话框中选中"标题带区"及"总结带区",单击"确定"按钮。在"标题"带区增加一个标签"员工分组汇总表(按部门)",再选定这个标签,选择"格式\字体"命令,选择"黑体"和"三号",最后单击"确定"按钮。在总结带区添加标签"总人数:",再将"数据环境设计器"中的"员工编号"字段用鼠标拖曳的方式放入"总结"带区。选中"总结"带区中的"部门编号"右击,选择"属性"命令,在弹出的"报表表达式"对话框中单击"计算"按钮,在"计算字段"对话框中选定"计数"单选按钮后单击"确定"按钮返回,再单击"确定"按钮返回到"报表设计器"窗口中。

11. 调整各带区的大小和控件布局,将报表保存为 REPORT4.FRX 并预览。

【提示】预览该报表的命令为:REPORT FORM REPORT4 PREVIEW。

实验 9.5 综合应用练习

一、实验目的

巩固各种报表的创建和应用。

二、实验内容

【练习 9-1】以"工资管理数据库"中的"员工表"为数据源,使用报表设计器中的快速报表功能为"客户表"创建一个文件名为 RP1.FRX 的报表。快速报表建立操作过程均为默认。最后,给快速报表添加一个标题,标题为"员工一览表"。

【提示】新建报表，选择"报表"→"快速报表"命令，选择"员工表.DBF"作为数据源。添加标题带区，利用标签控件添加标题。

【练习 9-2】在"练习 9-2"文件夹下完成下面的操作。

利用报表向导根据"货物管理数据库"中的"进货表"生成一个进货报表，报表顺序包含编号、进货时间和供货人 3 列数据，报表的标题为"进货信息表"（其他使用默认设置），生成的报表文件保存为 RP2.FRX。打开生成的报表文件 RP2.FRX 进行修改，使显示在标题区域的日期在每页的注脚区显示。

【提示】在"标题"带区选择 DATE()并按住鼠标不放，拖动到"页注脚"带区。

【练习 9-3】用一对多报表向导建立报表，"员工表"为父表，"工资表"为子表。要求：选择父表中的"员工编号"、"姓名"、"员工级别"和子表中"基本工资"、"津贴"、"公积金"、"扣款"、"应发工资"字段；用"员工编号"字段为两个表建立关系，排序方式为按"员工编号"升序；报表样式为"帐务式"，方向为"横向"；报表标题为"员工工资情况表"；报表文件名为 RP3.FRX。

【提示】通过报表向导将员工表中的"员工编号"、"姓名"和"员工级别"字段作为父表字段添加；将工资表中"基本工资"、"津贴"、"公积金"、"扣款"和"应发工资"字段作为子表字段添加；在"为表建立关系"对话框中，系统默认将"员工编号"字段作为匹配字段。

第 10 章 综合应用开发

实验 10.1 项目管理器综合训练

一、实验目的

1. 熟悉项目管理器各选项卡包含的文件类型。
2. 掌握项目管理器基本操作。

二、实验内容

1. 在 D 盘创建名为"项目综合练习"的文件夹，将实验 10.1 的素材文件复制到该文件夹中。启动 Visual FoxPro 新建一个项目文件，将项目文件命名为"项目 1.PJX"保存在该文件夹中。

2. 将数据库"教学.DBC"添加到项目中。

【提示】在项目管理器中，选中"数据"选项卡下的"数据库"，单击右侧的"添加"命令按钮，在弹出的"打开"对话框中选择"教学.DBC"。

3. 在项目中移去"学生"表，彻底删除"课程"表。

【提示】在项目管理器中，选中"学生"表，单击右侧的"移去"命令按钮，在弹出的对话框中选择"移去"。选中"课程"表，单击右侧的"移去"命令按钮，在弹出的对话框中选择"删除"。

4. 在项目中新建立一个空表单，保存命名为"表单 1.SCX"。

【提示】在项目管理器中，选中"文档"选项卡下的"表单"，单击右侧的"新建"命令按钮。

5. 将表单"表单 2.SCX"添加到项目中，运行该表单。

【提示】在项目管理器中，选中"文档"选项卡下的"表单"，单击右侧的"添加"命令按钮，在弹出的"打开"对话框中选择"表单 2.SCX"。在项目管理器的"表单"选项卡下选择"表单 2.SCX"，单击右侧的"运行"命令按钮可运行该表单。

6. 将报表"选课.FRX"添加到项目中，预览该报表。

【提示】将报表添加到项目中后，选中该报表，单击右侧的"预览"命令按钮可预览该报表。

7. 将"选课"报表设置为"排除"，将"选课"表设置为"包含"。

【提示】关闭报表的预览窗口。右击"选课"报表，在弹出的快捷菜单中选择"排除"命令；右击"选课"表，在弹出的快捷菜单中选择"包含"命令。

8. 将"表单 2.SCX"设置为"主文件"。

【提示】右击"表单 2",在弹出的快捷菜单中选择"设置主文件"命令。

9．编译项目，生成可执行程序"项目练习.EXE"文件。

【提示】选中主文件"表单 2",单击右侧的"连编"命令按钮，在弹出的对话框中选择"连编可执行文件"和"重新编译全部文件",单击"确定"命令按钮。

实验 10.2　销售管理系统开发实例

一、实验目的

1．掌握 Visual FoxPro 6.0 应用程序的完整开发过程。
2．复习数据库和表的相关操作。
3．复习表单和基本控件的创建方法。
4．复习 SQL 语言。
5．复习菜单的创建方法。
6．复习过程的使用。

二、实验内容

1．创建数据库和表。

（1）在 D 盘创建名为"销售系统"的文件夹，将数据库"Selldb"的全部文件复制到该文件夹中。打开的数据库"Selldb"如图 10-1 所示。

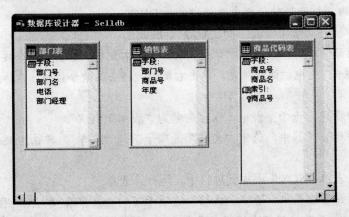

图 10-1　"Selldb"数据库

（2）为"部门表"的"部门号"字段创建主索引，为"销售表"的"部门号"和"商品号"字段分别创建普通索引。创建完索引后的效果如图 10-2 所示。

【提示】在"数据库设计器"中右击"部门表",在弹出的快捷菜单中选择"修改"命令，弹出"表设计器"对话框，在"字段"选项卡中为"部门号"字段选择"升序"索引，此时"部门号"只是普通索引。切换到"索引"选项卡中，将"部门号"的索引类型设置为"主索引"。

（3）以"部门表"和"商品代码表"为主表，以"销售表"为子表创建永久关联。建立永久关联后的效果如图 10-3 所示。

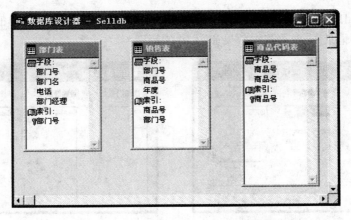

图 10-2 创建索引后的 "Sellde" 数据库

【提示】在 "数据库设计器" 中，用鼠标左键将 "部门表" 中的 "部门号" 索引拖曳到 "销售表" 的 "部门号" 索引上，可建立以 "部门表" 与 "销售表" 之间的永久关联。用类似方法再建立 "商品代码表" 与 "销售表" 之间的永久关联。

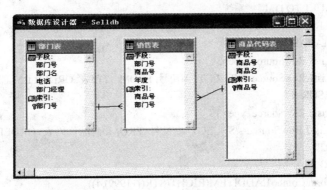

图 10-3 创建永久关联后的 "Selldb" 数据库

（4）设置已经建立好的两个永久关联的参照完整性。将两个关联的 "更新" 和 "删除" 操作都设置为 "级联"，"插入" 操作设置为 "限制"。

【提示】在 "数据库设计器" 的空白位置右击，在弹出的快捷菜单中选择 "编辑参照完整性" 命令，或在 "数据库" 系统菜单中选择 "编辑参照完整性" 命令，都可以打开 "参照完整性生成器" 对话框。

当出现需要清理数据库的提示时，可以在 "数据库" 系统菜单中选择 "清理数据库" 命令。

【思考】将 "更新" 和 "删除" 操作设置为 "级联"，"插入" 操作设置为 "限制" 后，对命令的执行结果有何影响？

2．创建 "添加销售记录" 表单。

创建 "添加销售记录" 表单，该表单完成向 "销售表" 中添加销售记录的功能，如图 10-4 所示。

（1）新建一个空表单，加入 3 个标签，2 个列表框，1 个组合框和 2 个命令按钮。将标签 Label1、Label2 和 Label3 的 Caption 属性分别设置为 "待选部门号"、"待选商品号" 和 "年度"；

将按钮 Command1 和 Command2 的标题设置为"添加"和"退出";将表单的 Caption 属性设置为"添加销售记录",表单编辑效果如图 10-5 所示。

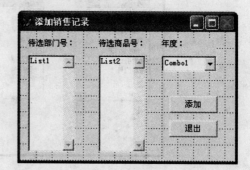

图 10-4 "添加销售记录"表单   图 10-5 编辑"添加销售记录"表单

【提示】右击某控件,在弹出的快捷菜单中选择"属性"命令打开属性窗口设置属性。
(2)在表单的初始化(Init)事件中加入代码:

```
SET DEFAULT TO D:\销售系统
CLOSE ALL
OPEN DATABASE selldb
Thisform.List1.RowSourceType=3
Thisform.List1.RowSource="SELECT  部门号  FROM  部门表  ORDER BY  部门号;
INTO CURSOR t1"
Thisform.List2.RowSourceType=3
Thisform.List2.RowSource="SELECT  商品号  FROM  商品代码表  ORDER BY  商品号; INTO;
CURSOR t2"
FOR i=1 TO 8
    Thisform.Combo1.ADDITEM(RIGHT(STR(i+1999),4))
ENDFOR
```

【提示】函数 STR()将数值转化为字符后,返回值默认占 10 个字节。例如,STR(2002)返回值为"2002",为了只取出年份,这里使用了取子串函数 RIGHT(),目的是取末 4 位有效年份。
(3)在"添加"按钮的单击(Click)事件中加入代码:

```
DO CASE
CASE Thisform.List1.ListIndex=0
    MESSAGEBOX("请选择部门号! ")
CASE Thisform.List2.ListIndex=0
    MESSAGEBOX("请选择商品号! ")
CASE Thisform.Combo1.ListIndex=0
    MESSAGEBOX("请选择年度! ")
OTHERWISE
    USE  销售表
    LOCATE FOR  部门号=Thisform.List1.Value AND  商品号=Thisform.List2.Value;
    AND  年度=Thisform.Combo1.Value
    IF FOUND()
```

```
          MESSAGEBOX("该销售记录已经存在！")
          USE
     ELSE
          USE
     INSERT INTO  销售表(部门号,商品号,年度) VALUE (Thisform.List1.Value, Thisform.List2.Value,;
Thisform.Combo1.Value)
          MESSAGEBOX("销售记录添加成功！")
     ENDIF
ENDCASE
```

（4）在"退出"按钮的单击（Click）事件中加入代码：

```
RELEASE THISFORM
```

（5）将表单保存在"销售系统"文件夹中，命名为"添加销售记录"。

3．创建"销售查询及打印"表单。

创建"销售查询及打印"表单，该表单完成查询和打印销售记录功能，如图 10-6 所示。

（1）新建一空表单，加入 2 个标签，2 个组合框，2 个命令按钮和 1 个表格控件。将标签 Label1 和 Label2 的 Caption 属性分别设置为"年度"和"部门"；将按钮 Command1 和 Command2 的标题分别设置为"查询"和"打印"；将表单的 Caption 属性设置为"销售查询及打印"，表单编辑效果如图 10-7 所示。

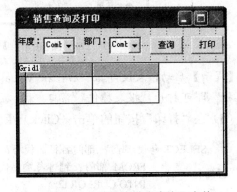

图 10-6　"销售查询"表单　　　　　　　　图 10-7　编辑"销售查询"表单

（2）在表单的初始化（Init）事件中加入代码：

```
SET DEFAULT TO D:\销售系统
CLOSE ALL
OPEN DATABASE selldb
Thisform.Combo2.RowSourceType=3
Thisform.Combo2.RowSource="SELECT 部门号 FROM 部门表;
ORDER BY 部门号 INTO CURSOR t1"
Thisform.Grid1.RecordSourceType=4
FOR i=1 TO 8
     Thisform.Combo1.ADDITEM(RIGHT(STR(i+1999),4))
ENDFOR
```

（3）在"查询"按钮的单击（Click）事件中加入代码：

```
Thisform.Grid1.RecordSource=;
        "SELECT 年度,部门表.部门名,商品代码表.商品名;
        FROM 部门表,销售表,商品代码表;
        INTO CURSOR t2;
        WHERE 部门表.部门号=销售表.部门号;
        AND 销售表.商品号=商品代码表.商品号;
        AND 销售表.年度=Thisform.Combo1.Value;
        AND 销售表.部门号=Thisform.Combo2.Value "
```

（4）新建一个报表，利用"报表设计器"在"页标头"栏中加入 3 个标签，分别为"年度"、"部门名"和"商品名"，在"细节"栏中加入 3 个域控件，分别为"年度"、"部门名"和"商品名"，如图 10-8 所示。将该报表保存在"销售系统"文件夹中，命名为"销售报表"。

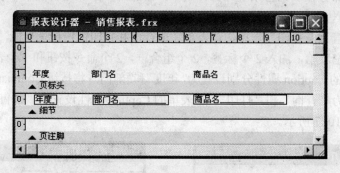

图 10-8 编辑"销售报表"

【提示】启动报表设计器"后，在 Visual FoxPro 的"显示"系统菜单中选择"报表控件工具栏"即可打开"报表控件"窗口。

（5）在"打印"按钮的单击（Click）事件中加入代码：

```
SELECT 年度,部门表.部门名,商品代码表.商品名;
        FROM 部门表,销售表,商品代码表;
        INTO CURSOR t2;
        WHERE 部门表.部门号=销售表.部门号;
        AND 销售表.商品号=商品代码表.商品号;
        AND 销售表.年度=Thisform.Combo1.Value;
        AND 销售表.部门号=Thisform.Combo2.Value
REPORT FORM 销售报表.frx PREVIEW
```

【提示】SELECT 子句后的 3 个字段名必须与"销售报表"细节栏内的域名一一对应，否则报表在显示时会出错。

（6）将表单保存在"销售系统"文件夹中，命名为"销售查询及打印"。

4．创建菜单和主程序。

创建"销售系统菜单"，利用该菜单来调用前面已经设计完成的"添加销售记录"和"销售查询及打印"两个模块。

（1）新建一个菜单，在"菜单设计器"中按如图 10-9 所示的菜单名称设计"退出"和"销售管理"两个菜单项。

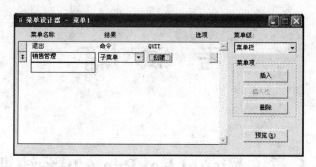

图 10-9　编辑"销售系统菜单"的菜单项

（2）单击"销售管理"后面的"创建"按钮，按如图 10-10 所示的菜单名称设计"添加销售记录"和"销售查询及打印"两个菜单项。

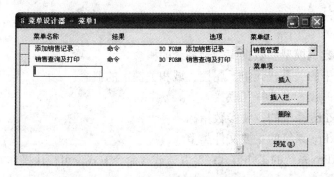

图 10-10　编辑"销售系统菜单"的"销售管理"子菜单

（3）将菜单保存在"销售系统"文件夹中，命名为"销售系统菜单"。

（4）在 Visual FoxPro 系统菜单中选择"菜单"→"生成"命令，生成菜单的程序文件（.MPR），将该文件保存在"销售系统"文件夹中，并命名为"销售系统菜单.MPR"。

【提示】必须在"菜单设计器"已经打开的情况下，Visual FoxPro 系统菜单中的"菜单"选项才可见。

（5）新建一程序，在程序中加入如下代码：

```
SET DEFAULT TO D:\销售系统
CLOSE ALL
OPEN DATABASE SELLDB
DO 销售系统菜单.MPR
```

（6）将该程序保存在"销售系统"文件夹中，命名为"MAIN"。

【提示】该程序为主程序，是销售系统的入口，即必须通过执行该程序来启动"销售系统"。因为该程序中用来设置默认路径的"SET DEFAULT TO D:\销售系统"命令只需要执行一次，所以需要重新修改"添加销售记录"和"销售查询及打印"两个表单，将这两个表单 Init 事件中的"SET DEFAULT TO D:\销售系统"命令删除。

考　试　篇

第 1 章　Visual FoxPro 6.0 系统概述

1.1　知识要点

1. 数据库、数据模型和数据库管理系统的概念。
2. 关系模式中的关系、元组、属性、域和关键字的概念。
3. 关系运算：投影、选择和联接。
4. Visual FoxPro 系统的主要参数指标。
5. Visual FoxPro 系统的主要文件类型。
6. Visual FoxPro 系统的工作方式：交互方式（命令方式、可视化操作）和程序运行方式。

1.2　典型试题与解析

1.2.1　选择题

【例 1】数据库（DB）、数据库系统（DBS）和数据库管理系统（DBMS）之间的关系是
_____。（2006 年 4 月）

A．DB 包含 DBS 和 DBMS　　　　　B．DBMS 包含 DB 和 DBS

C．DBS 包含 DB 和 DBMS　　　　　D．没有任何关系

解析： 数据库系统（DBS）由 5 部分组成：硬件系统、数据库集合（DB）、数据库管理系统（DBMS）及相关软件、数据库管理员和用户。

答案： C

【例 2】Visual FoxPro DBMS 是_____。（2003 年 4 月）

A．操作系统的一部分　　　　　　　B．操作系统支持下的系统软件

C．一种编译程序　　　　　　　　　D．一种操作系统

解析： Visual FoxPro 是一种在微机上运行的数据库管理系统软件，而 DBMS（即数据库管理系统）是为数据库的建立、使用和维护而配置的软件。DBMS 利用了操作系统提供的输入/输出控制和文件访问功能，所以它需要在操作系统的支持下运行。

答案：B

【例3】在 Visual FoxPro 中，"表"是指_____。（2003 年 4 月）

A．报表　　　　　B．关系　　　　　C．表格　　　　　D．表单

解析：在 Visual FoxPro 中，表的概念就是指数据库理论中的关系概念，数据库中的数据就是由表的集合构成的。

答案：B

【例4】在关系模型中，为了实现"关系中不允许出现相同的元组"的约束应使用_____。

A．临时关键字　　　　　　　　　B．主关键字

C．外部关键字　　　　　　　　　D．索引关键字

解析：在关系模型中，主关键字保证关系中元组的唯一性，外部关键字保证参照完整性。临时关键字和索引关键字与元组唯一性不相关。

答案：B

【例5】从关系模式中指定若干个属性组成新的关系的运算称为_____。（2004 年 9 月）

A．连接　　　　　B．投影　　　　　C．选择　　　　　D．排序

解析：在关系模式中，指定若干个属性组成新的关系的运算是投影运算。

答案：B

【例6】在下列 4 个选项中，不属于基本关系运算的_____。（2003 年 9 月）

A．连接　　　　　B．投影　　　　　C．选择　　　　　D．排序

解析：关系的三个基本运算是连接、投影和选择，没有排序。

答案：D

【例7】操作对象只能是一个表的关系运算是_____。（2006 年 9 月）

A．连接和选择　　　　　　　　　B．连接和投影

C．选择和投影　　　　　　　　　D．自然连接和选择

解析：从操作表的个数来说，投影和选择运算的操作对象是一个表，运算结果是该操作表的若干字段或若干记录组成的新表，而连接是指两个表的操作，它的运算结果是符合连接条件的两表记录的横向结合。

答案：C

【例8】在教师表中，如果要找出职称为"教授"的教师，所采用的关系运算是_____。（2008 年 4 月）

A．选择　　　　　B．投影　　　　　C．联接　　　　　D．自然联接

解析：从关系中找出满足给定条件的元组的操作称为选择。

答案：A

【例9】设有表示学生选课的三张表，学生 S（学号，姓名，性别，年龄，身份证号），课程 C（课号，课名），选课 SC（学号，课号，成绩），则表 SC 的关键字（键或码）是_____。（2008 年 4 月）

A．课号，成绩　　　　　　　　　B．学号，成绩

C．学号，课号　　　　　　　　　D．学号，姓名，成绩

解析：SC 表是学生表和课程表的联系表，该表的关键字应是学生表和课程表关键字的组合。

答案：C

1.2.2 填空题

【例1】用二维表数据来表示实体之间联系的数据模型称为_____。（2003年4月）

解析： 利用二维表组织数据的模型称为关系模型。

答案： 关系模型

【例2】在关系模型中，把数据看成是二维表，每一个二维表称为一个_____。（2006年4月）

解析： 在关系模型中，二维表就是关系。

答案： 关系

【例3】在Visual FoxPro中，数据库文件的扩展名是_____，数据表文件的扩展名是_____。（2003年4月）

解析： Visual FoxPro系统支持多种文件类型，每种文件类型有各自的文件扩展名。

答案： DBC（或.DBC），DBF（或.DBF）

【例4】在关系表中，要求字段名_____重复。（2008年4月）

解析： 关系表中的字段具有唯一性，定义时不允许有相同的字段名。

答案： 不能

【例5】人员基本信息一般包括：身份证号、姓名、性别、年龄等。其中可以作为主关键字的是_____。（2009年9月）

解析： 在关系表中，能唯一标识元组的最小属性集合称为键。

答案： 身份证号

1.3 测试题

1.3.1 选择题

1. 数据库系统的核心是_____。

A. 数据模型 　　　　　　　　　　　B. 数据库管理系统

C. 软件工具 　　　　　　　　　　　D. 数据库

2. 在一个关系中，能够唯一确定一个元组的属性或属性组合称为_____。

A. 索引码 　　　　B. 键 　　　　C. 域 　　　　　　D. 排序码

3. 关系模型中，键_____。

A. 可由多个任意属性组成

B. 能由一个属性组成，其值能唯一标识该关系模式中任何一个元组

C. 可由一个或多个属性组成，其值能唯一标识该关系模式中的任何一个元组

D. 以上都不是

4. 数据库系统由数据库、_____组成。

A. DBMS、应用程序、支持数据库运行的软、硬件环境和DBA

B. DBMS和DBA

C. DBMS、应用程序和DBA

D. DBMS、应用程序、支持数据库运行的软件环境和 DBA

5. Visual FoxPro 6.0 是一种关系型数据库管理系统，所谓关系是指_____。

A. 各条记录中的数据彼此有一定的关系

B. 一个数据库文件与另一个数据库文件之间有一定的关系

C. 数据模型符合满足一定条件的二维表格形式

D. 数据库中各个之间彼此有一定的关系

6. Visual FoxPro 支持的两种工作方式是_____。

A. 交互操作方式和程序执行方式   B. 命令方式和菜单工作方式

C. 命令方式和程序方式   D. 交互操作方式和菜单工作方式

7. 退出 Visual FoxPro 的操作方法是_____。

A. 从"文件"菜单中选择"退出"命令   B. 单击关闭窗口按钮

C. 在命令执行 QUIT 命令   D. 以上方法都可以

8. 显示和隐藏命令窗口的操作是_____。

A. 单击"常用"工具栏上的"命令窗口"按钮

B. 通过"窗口"菜单下的"命令窗口"命令来切换

C. 直接按〈Ctrl+F2〉或〈Ctrl+F4〉组合键

D. 以上方法都可以

9. 以下关于工具栏的叙述，错误的是_____。

A. 可以创建用户自己的工具栏   B. 可以修改系统提供的工具栏

C. 可以删除用户创建的工具栏   D. 可以删除系统提供的工具栏

10. 在"选项"对话框的"文件位置"选项卡中可以设置_____。

A. 表单的默认大小   B. 默认目录

C. 日期和时间的显示格式   D. 程序代码的颜色

11. 要启动向导可以_____。

A. 打开新建对话框   B. 单击工具栏上的"向导"图标按钮

C. 从"工具"菜单中选择"向导"命令   D. 以上方法都可以

1.3.2 填空题

1. 数据库应用系统是指系统开发人员利用数据库系统资源开发出来的，面向某一实际应用的_____软件。

2. 从关系中选择满足条件的元组的操作称为_____。

3. 从关系中选取某些属性形成一个新的关系的操作称为_____。

4. 从两个关系中找出满足条件的元组或属性，合并形成一个新的关系的操作称为_____。

5. 二维表中的列称为关系中的_____。

6. 二维表的行称为关系的_____。

7. 要定制 Visual FoxPro 的系统环境，应操作"工具"菜单中的_____菜单项目。

8. 在 Visual FoxPro 系统中，要设置日期和时间的显示格式，应切换到"选项"对话框中的_____选项卡。

1.4 测试题答案

选择题答案

1. B 2. B 3. C 4. A 5. C 6. A 7. D 8. D 9. D 10. B 11. D

填空题答案

1. 应用　　　　　　　　　2. 选择

3. 投影　　　　　　　　　4. 连接

5. 属性　　　　　　　　　6. 元组

7. 选项　　　　　　　　　8. 区域

第2章 数据与数据运算

2.1 知识要点

1. 掌握常量、变量及表达式的概念。

2. 掌握常用函数：字符处理函数、数值运算函数、日期时间函数、数据类型转换函数及测试函数等的使用。

2.2 典型试题与解析

2.2.1 选择题

【例1】关于 Visual FoxPro 的变量，下面说法中正确的是_____。（2003年9月）

A. 使用一个简单变量之前要先声明或定义

B. 数组中各数组元素的数据类型可以不同

C. 定义数组以后，系统为数组的每个数组元素赋予数值0

D. 数组元素的下标下限是0

解析： 使用一个简单变量之前不必先声明或定义；数组中各数组元素的数据类型可以不同；定义数组以后，系统默认为每个数组元素赋予逻辑值.F.；数组元素的下标下限是1。

答案： B

【例2】在下面的表达式中，运算结果为逻辑真的是_____。（2003年9月）

A. EMPTY(.NULL.)   B. LIKE("edit","edi?")

C. AT("a","123abc")   D. EMPTY(SPACE(10))

解析： 函数 AT(<C1>,<C2>[,<N>])的结果值为数值型；函数 LIKE(<C1>,<C2>)比较 C1 与 C2 是否匹配，在 C1 中可使用通配符，C2 中不可使用通配符，故其值为.F.；函数 EMPTY(表达式)判断表达式的运算结果是否为"空"，数值0、逻辑值.F.、空字符串""或任意多个空格字符串" "都可以理解为"空"。故只有 D 选项的结果为真。

答案： D

【例3】Visual FoxPro 内存变量的数据类型不包括_____。（2003年9月）

A. 数值型   B. 货币型

C. 备注型   D. 逻辑型

解析： Visual FoxPro 内存变量的数据类型包括字符型（C）、数值型（N）、货币型（Y）、逻辑型（L）、日期型（D）和日期时间型（T），不包括备注型。

答案： C

【例4】在 Visual FoxPro 中说明数组的命令是_____。（2004 年 4 月）

A．DIMENSION 和 ARRAY   B．DECLARE 和 ARRAY

C．DIMENSION 和 DECLARE   D．只有 DIMENSION

解析：在 Visual FoxPro 中说明数组的命令包括 DIMENSION 和 DECLARE 两个命令。

答案：C

【例5】有如下赋值语句，结果为"大家好"的表达式是_____。（2004 年 4 月）

```
a="你好"
b="大家"
```

A．b+AT(a,1) B．b+RIGHT(a,1) C．b+ LEFT(a,3,4) D．b+RIGHT(a,2)

解析：函数 RIGHT(a,2)的作用为从字符串"你好"中右截取 2 个字符，其值为"好"，故 D 选项的结果为"大家好"。注意，每个汉字占用 2 个字符的位置。

答案：D

【例6】设 X=10，语句 ?VARTYPE ("X")的输出结果是_____。（2004 年 9 月）

A．N   B．C   C．10   D．X

解析：VARTYPE ("X")的作用为以一个大写字母的形式返回表达式"X"的类型，"X"为字符，故返回 C。

答案：B

【例7】表达式 LEN(SPACE(0))的运算结果是_____。（2004 年 9 月）

A．.NULL.   B．1   C．0   D．" "

解析：函数 SPACE(0)的作用为生成 0 个空格，其长度为 0，故 LEN(SPACE(0))的运算结果是 0。

答案：C

【例8】依次执行以下命令后的输出结果是_____。（2005 年 9 月）

```
SET DATE TO YMD
SET CENTURY ON
SET CENTURY TO 19 ROLLOVER 10
SET MARK TO "."
? CTOD("49-05-01")
```

A．49.05.01 B．1949.05.01 C．2049.05.01   D．出错

解析：SET DATE TO YMD 命令的作用为设置日期显示格式为年、月、日格式；SET CENTURY ON 命令的作用为设置 4 位数年份；SET CENTURY TO 19 ROLLOVER 10 命令的作用为设置日期显示的世纪值为 19；SET MARK TO "."命令的作用为设置以"."为分隔符；? CTOD("49-05-01")的作用为将字符串"49-05-01"转换为日期型常量并显示出来。综上所述，可得显示结果为 1949.05.01。

答案：B

【例9】设 X="11",Y="1122",下列表达式结果为假的是_____。（2006 年 4 月）

A．NOT (X==Y) AND (X$Y)   B．NOT (X$Y) OR (X◇Y)

C．NOT (X>=Y)   D．NOT (X$Y)

解析：X==Y 值为假，X$Y 的值为真，X<>Y 值为真，X>=Y 值为假，故 D 选项为假。

答案：D

【例 10】在 Visual FoxPro 中，对于字段值为空值（NULL）叙述正确的是_____。（2007年 4 月）

A．空值等同于空字符串　　　　　　B．空值表示字段还没有确定值

C．不支持字段值为空值　　　　　　D．空值等同于数值 0

解析：空值不等于空串""也不等于 0 或空格，Visual FoxPro 支持 NULL 值用来表示字段或变量没有确定的值。

答案：B

【例 11】命令？VARTYPE(TIME())的结果是_____。（2007 年 9 月）

A．C　　　　　　B．D　　　　　　C．T　　　　　　D．出错

解析：函数 VARTYPE 以一个大写字母的形式返回括号内表达式的类型，而 TIME 函数返回的当前时间为字符型，所以选 A。

答案：A

【例 12】命令？LEN(SPACE(3)-SPACE(2))的结果是_____。（2007 年 9 月）

A．1　　　　　　B．2　　　　　　C．3　　　　　　D．5

解析：函数 SPACE 返回空格，而空格为字符型数据，相减做连接操作得到 5 个空格，LEN 函数返回字符串长度为 5，所以选 D。

答案：D

【例 13】说明数组后，数组元素的初值是_____。（2008 年 9 月）

A．整数 0　　　　B．不定值　　　　C．逻辑真　　　　D．逻辑假

解析：数组元素在定义之后赋值之前默认值为逻辑假，所以选 D。

答案：D

【例 14】设 a=“计算机等级考试”，结果为“考试”的表达式是_____。（2008 年 9 月）

A．LEFT(a,4)　　B．RIGHT(a,4)　　C．LEFT(a,2)　　D．RIGHT(a,2)

解析：要得到题目要求的结果需要 a 从右端取 4 个字符，注意每个汉字占 2 个字符。

答案：B

【例 15】语句 LIST MEMORY LIKE a*能够显示的变量不包括_____。（2009 年 9 月）

A．a　　　　　　B．a1　　　　　　C．ab2　　　　　　D．ba3

解析：这个命令的功能是显示当前内存变量中以 a 开头的所有变量，其中“*”表示任意多个字符，只有 D 不是以 a 开头的，所以选 D。

答案：D

2.2.2　填空题

【例 1】表达式 STUFF("GOODBOY",5,3,"GIRL")的运算结果是_____。（2003 年 9 月）

解析：函数 STUFF("GOODBOY",5,3, "GIRL")的作用是将“GOODBOY”中的第 5 个字符开始的 3 个字符替换为“GIRL”，所以结果为 GOODGIRL。注意函数 STUFF( )不要求替换和被替换的字符个数相等。

答案：GOODGIRL

【例2】常量 .n.表示的是_____型的数据。（2004 年 4 月）

解析：常量 .n.表示的是逻辑型的数据,相当于.f.，其中 "." 是定界符。此题常被误答为数值型。

答案：逻辑

【例3】表示"1962 年 10 月 27 日"的日期常量应该写为_____。（2004 年 9 月）

解析：表示"1962 年 10 月 27 日"的日期常量应采用严格日期格式。

答案：{^1962-10-27}

【例4】表达式{^2005-1-3 10：0：0}-{^2005-10-3 9：0：0}的数据类型是_____。（2006 年 4 月）

解析：此表达式计算两日期时间相差的秒数，其值为数值型。

答案：数值型(N)

【例5】在 Visual FoxPro 中,将只能在建立它的模块中使用的内存变量称为_____。（2006 年 4 月）

解析：在 Visual FoxPro 中，将只能在建立它的模块中使用的内存变量称为局部变量。

答案：局部变量

【例6】?AT("EN",RIGHT("STUDENT",4))的执行结果是 _____。（2007 年 4 月）

解析：函数 RIGHT("STUDENT",4)的作用为从字符串 "STUDENT" 中自右截取 4 个字符，其值为 "DENT"；函数 AT(<C1>,<C2>[,<N>])的作用为从 N 位置开始求 C2 在 C1 中第一次出现的位置，省略 N 则从 1 开始起，即 AT("EN", "DENT")，其值为 2。

答案：2

【例7】LEFT("12345.6789",LEN("子串"))的计算结果是_____。（2008 年 9 月）

解析：LEN("子串")判断字符串长度，结果为 4，LEFT 从 "12345.6789" 左端取前 4 位。

答案："1234 "

2.3　测试题

2.3.1　选择题

1．在下面的 Visual FoxPro 表达式中，不正确的是_____。

A．{^2001-05-01 10:10:10AM}-10

B．{^2001-05-01}-DATE()

C．{^2001-05-01 10:10:10AM}+DATE()

D．{^2001-05-01 10:10:10AM}+1000

2．下列表达式中结果为"计算机等级考试"的表达式为_____。

A．"计算机"|"等级考试";　　　　　　　　　B．"计算机"&"等级考试"

C．"计算机" and "等级考试"　　　　　　　　D．"计算机"+"等级考试"

3．关系运算符$用来判断一个字符串表达式是否_____另一个字符串表达式。

A．等于　　　　B．完全等于　　　　C．不等于　　　　D．包含于

4．以下日期正确的是_____。

A．{"^2001-05-25"}　　　　　　　　　B．{'^2001-05-25'}

C．{^2001-05-25}　　　　　　　　　　D．{[^2001-05-25]}

5．设 N=886，M=345，K="M+N"，表达式 1+&K 的值是_____。

A．1232　　　　　　　　　　　　　　B．数据类型不匹配

C．1+M+N　　　　　　　　　　　　　D．346

6．Visual FoxPro 的表达式中不仅允许有常量、变量，而且还允许有_____。

A．过程　　　　　　B．函数　　　　　　C．子程序　　　　　D．主程序

7．计算结果不是字符串"Teacher"的语句是_____。

A．AT("MyTecaher",3,7)　　　　　　　B．SUBSTR("MyTecaher",3,7)

C．RIGHT("MyTecaher",7)　　　　　　 D．LEFT("Tecaher",7)

8．如果一个运算表达式中包含有逻辑运算、关系运算和算术运算，并且其中未用圆括号规定这些运算的先后顺序，那么这样的综合型表达式的运算顺序是_____。

A．逻辑->算术->关系　　　　　　　　B．关系->算术->逻辑

C．算术->逻辑->关系　　　　　　　　D．算术->关系->逻辑

9．已知 D1 和 D2 为日期型变量，下列 4 个表达式中非法的是_____。

A．D1-D2　　　　　　　　　　　　　B．D1+D2

C．D1+28　　　　　　　　　　　　　D．D1-36

10．下列 4 个表达式中，错误的是_____。

A．"姓名:"+姓名　　　　　　　　　　B．"性别:"+性别

C．"工资:"-工资　　　　　　　　　　D．姓名:"是工程题"

11．函数 INT(数值表达式)的功能是_____。

A．按四舍五入取数值表达式值的整数部分

B．返回数值表达式值的整数部分

C．返回不大于数值表达式的最大整数

D．返回不小于数值表达式值的最小整数

12．下列 4 个表达式中，运算结果为数值的是_____。

A．"9988"-"1255"　　　　　　　　　 B．200+800=1000

C．CTOD([11/22/01])-20　　　　　　 D．LEN(SPACE(3))-1

13．设有变量 sr="2000 年上半年全国计算机等级考试"，能够显示"2000 年上半年计算机等级考试"的命令是_____。

A．? sr"全国"

B．? SUBSTR(sr,1,8)+SUBSTR(sr,11,17)

C．? STR(sr,1,12)+STR(sr,17,14)

D．? SUBSTR(sr,1,12)+SUBSTR(sr,17,14)

14．设有变量 pi=3.1415926，执行命令?ROUND(pi,3)的显示结果为_____。

A．3.141　　　　B．3.142　　　　C．3.140　　　　D．3.000

15．6E-3 是一个_____。

A．内存变量　　　B．字符常量　　　　C．数值常量　　　　D．非法表达式

16．以下赋值语句正确的是_____。

A. STORE 8 TO X,Y   B. STORE 8,9 TO X,Y

C. X=8,Y=9   D. X,Y=8

17. 下列选项中不能够返回逻辑值的是_____。

A. EOF()   B. BOF()   C. RECNO()   D. FOUND()

18. 设有一字段变量"姓名"，目前值为"王华"，又有一内存变量"姓名"，其值为"李敏"，则命令"?姓名"显示的结果应为_____。

A. 王华   B. 李敏   C. "王华"   D. "李敏"

19. 设字段变量"工作日期"为日期型，"工资"为数值型，则要想表达"工龄大于 30年，工资高于 1500、低于 1800 元"这一命题，其表达式是_____。

A. 工龄>30.AND.工资>1500.AND.工资<1800

B. 工龄>30.AND.工资>1500.OR.工资<1800

C. INT((DATE()-工作日期)/365)>30.AND.工资>1500.AND.工资<1800

D. INT((DATE()-工作日期)/365)>30.AND.(工资>1500.OR.工资<1800)

20. 下列说法中正确的是_____。

A. 若函数不带参数，则调用时函数名后面的圆括号可以省略

B. 函数若有多个参数，则各参数间应用空格隔开

C. 调用函数时，参数的类型、个数和顺序不一定要一致

D. 调用函数时，函数名后的圆括号不论有无参数都不能省略

21. 设 X="ABC"，Y="ABCD"，则下列表达式中值为.T.的是_____。

A. X=Y   B. X==Y   C. X$Y   D. AT(X,Y)=0

22. 逻辑型数据的取值不能是_____。

A. T.或.F   B. Y.或.N.

C. T.或.F.或.Y.或.N.   D. T 或 F

23. 设字段变量 job 是字符型的，pay 是数值型的，能够表达"job 是处长且 pay 不大于1000 元"的表达式是_____。

A. job=处长.AND.pay>1000   B. job="处长".AND.pay<1000

C. job="处长"AND.pay<=1000   D. job=处长.AND.pay<=1000

24. 当前记录号可用函数_____求得

A. EOF()   B. BOF()   C. RECC()   D. RECNO()

25. 假定 M= [22+28]，则执行命令"?M"后屏幕将显示_____。

A. 50   B. 22+28   C. [22+28]   D. 50.00

26. 下列表达式中，是逻辑型常量的是_____。

A. Y   B. N   C. NOT   D. F.

27. 下列选项中不是常量的是_____。

A. abc   B. "abc"   C. 1.4E+2   D. {^1999/12/31}

28. 变量名中不能包括_____。

A. 数字   B. 字母   C. 汉字   D. 空格

29. 下列选项中得不到字符型数据的是_____。

A. DTOC(DATE())   B. DTOC(DATE(),1)

C．STR(123.567)　　　　　　　　　　D．AT("1",STR(1321))

30．{^1999/05/01}+31 的值应为 _____ 。

A．{^1999/06/01}　　　　　　　　　　B．{^1999/05/31}

C．{^1999/06/02}　　　　　　　　　　D．{^1999/04/02}

31．关于 Visual FoxPro 中的运算符的优先级，下列选项中不正确的是_____ 。

A．算术运算符的优先级高于其他类型运算符

B．字符串运算符"+"和"-"优先级相等

C．逻辑运算符的优先级高于关系运算符

D．所有关系运算符的优先级都相等

32．下列选项中是日期型常量的是_____ 。

A．{" 1999/12/31 " }　　　　　　　　B．{^1999/12/31}

C．1999/12/31　　　　　　　　　　　D．CTOD(1999/12/31)

33．命令 "DIME array(5,5)" 执行后，array(3,3)的值为_____ 。

A．0　　　　　　B．1　　　　　　C．.T.　　　　　　D．.F.

34．设当前数据库文件中含有字段 NAME，系统中有一内存变量的名称也为 NAME，命令?NAME 显示的结果是_____ 。

A．内存变量 NAME 的值　　　　　　B．字段变量 NAME 的值

C．与该命令之前的状态有关　　　　D．错误信息

35．职工数据库中有 D 型字段 "出生日期"，要计算职工的整数实足年龄，应当使用命令_____ 。

A．? DATE()-出生日期/365　　　　　B．?(DATE()-出生日期)/365

C．? INT((DATE()-出生日期)/365)　　D．? ROUND((DATE()-出生日期)/365)

36．关于 "?" 和 "??"，下列说法中错误的是 _____ 。

A．? 和??只能输出多个同类型的表达式的值

B．? 从当前光标所在行的下一行第 0 列开始显示

C．??从当前光标处开始显示

D．?和??后可以没有表达式

37．DTOC({^1998/09/28})的值应为_____ 。

A．1998 年 9 月 28 日　　　　　　　B．1998/09/28

C．"1998/09/28"　　　　　　　　　　D．"1998-09-28"

38．下列数据中，不是常量的是 _____ 。

A．NAME　　　　B．"年龄"　　　　C．"91/01/02"　　　　D．.T.

2.3.2 填空题

1．命令?ROUND(337.2007,3)的执行结果是_____ 。

2．在 Visual FoxPro 中，若有 x=5，y=6，?(x=y).And.(x<y)，则结果是_____ 。

3．TIME()函数返回值的数据类型是_____ 。

4．Visual FoxPro 中逻辑运算符优先级最高的是_____ 。

5．设 Visual FoxPro 的当前状态己设置为 SET EXACT OFF，则命令? "你好吗? "=［你好］

的显示结果是_____。

6. 在 Visual FoxPro 中，表示时间 2009 年 3 月 3 日的常量应写为_____。

7. 在 Visual FoxPro 中，数值型常量是由数字、_____和正负号构成的。

8. 在 Visual FoxPro 中，用于统计数据库表中的记录个数的函数是_____。

9. 释放除了以 d 字母开头的且变量名仅有三个字符的所有内存变量，应使用命令 RELEASE ALL _____ d??。

10. ? LEN(TRIM("国庆"+"假期□□")) 的执行结果是_____。

11. ? CTOD("99-01-01")-365 的执行结果是_____。

12. ? LEN("计算机")<LEN("COMPUTER") 的执行结果是_____。

13. ? YEAR({^1999-12-30})的执行结果是_____。

14. ? MONTH({^1999-12-30})的执行结果是_____。

15. ? DAY({^1999-12-30})的执行结果是_____。

16. 常量{^2009-10-01,15:30:30}的数据类型是_____。

17. Visual FoxPro 中的数组元素下标从_____开始。

18. ? ROUND(123.456,2) 的执行结果是_____。

19. ? ROUND(123.456,-2) 的执行结果是_____。

20. 设变量 n1=5，n2=10，n3=15，ml=20，m2=25，将所有以字母 n 开头的变量存入内存变量文件 myfile.mem，应使用命令 SAVE TO myfile ALL _____ n*。

21. 显示当前内存变量的命令为_____。

22. ? REPLICATE(" $ ",6) 的执行结果是_____。

23. 命令? TYPE("10/25/01")的输出值是_____。

24. 如果一个表达式中包含算术运算、关系运算、逻辑运算和函数时，则优先级最低的是_____。

2.4 测试题答案

选择题答案：

1. C   2. D   3. D   4. C   5. A   6. B   7. A   8. D   9. B   10. C
11. B   12. D   13. D   14. B   15. C   16. A   17. C   18. A   19. C   20. D
21. C   22. B   23. C   24. D   25. B   26. D   27. A   28. D   29. D   30. A
31. C   32. D   33. D   34. B   35. C   36. A   37. C   38. A

填空题答案：

1. 337.201   2. .F.

3. 字符型   4. not

5. .T.

6. {^2009-03-03} 或 {^2009.03.03} 或 {^2009/03/03}

7. 小数点   8. RECCOUNT()

9. EXCEPT   10. 8

11. 98-01-01   12. .T.

13. 1999
14. 12
15. 30
16. 日期时间型
17. 1
18. 123.46
19. 100
20. LIKE
21. LIST MEMORY 或 DISPLAY MEMORY
22. $$$$$$
23. N
24. 逻辑运算

第3章 数据库与数据表

3.1 知识要点

1. 数据库的建立、使用、修改和删除。
2. 数据库表的建立，表结构的修改。
3. 数据表的浏览，表记录的增加、删除、修改和显示，数据表的查询定位。
4. 索引的基本概念，索引的建立和使用。
5. 实体完整性、域完整性和参照完整性。
6. 多个表之间的关联。

3.2 典型试题与解析

3.2.1 选择题

【例1】在 Visual FoxPro 中以下叙述正确的是_____。（2006 年 9 月）

A. 关系也被称为表单 　　　　　B. 数据库文件不存储用户数据

C. 表文件的扩展名是.dbc 　　　　D. 多个表存储在一个物理文件中

解析：在 Visual FoxPro 中，关系被称为表；表文件的扩展名是.dbf；每创建一个表就会产生一个.dbf 文件，多个表存储在多个物理文件中；用户数据存储在数据表中，数据库只是对其中的数据表进行组织和管理，数据库文件中不存储用户数据。

答案：B

【例2】扩展名为 DBF 的文件是_____。（2004 年 9 月）

A. 表文件 　　　　　　　　　　B. 表单文件

C. 数据库文件 　　　　　　　　D. 项目文件

解析：在 Visual FoxPro 中，数据库文件的扩展名为.dbc，表单文件的扩展名为.scx，项目文件的扩展名为.pjx。

答案：A

【例3】在 Visual FoxPro 中，字段的数据类型不可以指定为_____。（2004 年 4 月）

A. 日期型 　　　　　　　　　　B. 时间型

C. 通用型 　　　　　　　　　　D. 备注型

解析：Visual FoxPro 中支持的数据类型有字符型、数值型、整型、浮点型、双精度型、货币型、日期型、日期时间型、逻辑型、备注型、通用型、字符型二进制和备注型二进制，没有单独的时间型数据。

答案：B

【例4】在 Visual FoxPro 中，下列关于表的叙述正确的是_____。（2005 年 4 月）

A．在数据库表和自由表中，都能给字段定义有效性规则和默认值

B．在自由表中，能给表中的字段定义有效性规则和默认值

C．在数据库表中，能给表中的字段定义有效性规则和默认值

D．在数据库表和自由表中，都不能给字段定义有效性规则和默认值

解析：自由表不属于任何数据库，不能定义记录级规则和字段级规则。

答案：C

【例5】下面有关数据库表和自由表的叙述中，错误的是_____。（2007 年 9 月）

Λ．数据库表和自由表都可以用表设计器来建立

B．数据库表和自由表都支持表间联系和参照完整性

C．自由表可以添加到数据库中成为数据库表

D．数据库表可以从数据库中移出成为自由表

解析：在 Visual FoxPro 中，根据数据表是否属于数据库，可以把数据表分为数据库表和自由表两类。数据库表和自由表可以相互转换，将数据库表从数据库中移出，数据库表就成为自由表；将一个自由表添加到某一数据库时，自由表就成为数据库表。数据库表支持主关键字、参照完整性和表之间的联系。

答案：B

【例6】数据库表的字段可以定义默认值，默认值是_____。（2004 年 4 月）

A．逻辑表达式　　　　　　　　B．字符表达式

C．数值表达式　　　　　　　　D．前三种都可能

解析：数据库表可以建立字段的有效性规则，其中规则是逻辑表达式，信息是字符表达式，默认值的类型由字段类型决定。

答案：D

【例7】数据库的字段可以定义规则，规则是_____。（2004 年 4 月）

A．逻辑表达式　　　　　　　　B．字符表达式

C．数值表达式　　　　　　　　D．前三种说法都不对

解析：同例 6。

答案：A

【例8】在 Visual FoxPro 中，数据库表的字段或记录的有效性规则的设置可以在_____。（2007 年 4 月）

A．项目管理器中进行　　　　　B．数据库设计器中进行

C．表设计器中进行　　　　　　D．表单设计器中进行

解析：在数据库表的表设计器中，切换到"字段"选项卡，可以设置字段的有效性规则；切换到"表"选项卡，可以设置记录的有效性规则。

答案：C

【例9】使用索引的主要目的是_____。（2009 年 9 月）

A．提高查询速度　　　　　　　B．节省存储空间

C．防止数据丢失　　　　　　　D．方便管理

解析： 使用索引技术可以使表记录按照一定的顺序排列，以提高数据的查询速度。

答案： A

【例 10】在指定字段或表达式中不允许出现重复值的索引是_____。（2005 年 4 月）

A. 唯一索引　　　　　　　　　　　B. 唯一索引和候选索引

C. 唯一索引和主索引　　　　　　　D. 主索引和候选索引

解析： 主索引和候选索引具有关键字特性，在指定字段或表达式中不允许出现重复值。二者的区别是：主索引只能在数据库表中创建，一个表中只能创建一个主索引；而候选索引可以在数据库表和自由表中创建，一个表中能创建多个候选索引。唯一索引和普通索引允许字段出现重复值，唯一索引的唯一性是指索引项的唯一，而不是字段值的唯一；普通索引的索引项也允许出现重复值。

答案： D

【例 11】在 Visual FoxPro 中，下面关于索引的正确描述是_____。（2007 年 4 月）

A. 当数据表建立索引以后，表中的记录的物理顺序将被改变

B. 索引的数据将与表的数据存储在一个物理文件中

C. 建立索引是创建一个索引文件，该文件包含指向表记录的指针

D. 使用索引可以加快对表的更新操作

解析： 数据表建立索引后，生成一个索引文件，该文件包含指向表记录的指针，表中记录的物理顺序将不改变。使用索引可以加快对表的查询。

答案： C

【例 12】在表设计器的"字段"选项卡中可以创建的索引是_____。（2004 年 9 月）

A. 唯一索引　　　　　B. 候选索引　　　　C. 主索引　　　　D. 普通索引

解析： 在表设计器的"字段"选项卡中可以创建普通索引，在"索引"选项卡中可以创建主索引、候选索引、唯一索引和普通索引。

答案： D

【例 13】在 Visual FoxPro 中，若所建立索引的字段值不允许重复，并且一个表中只能创建一个，这种索引应该是_____。（2009 年 3 月）

A. 主索引　　　　　B. 唯一索引　　　　C. 候选索引　　　　D. 普通索引

解析： 主索引和候选索引具有关键字特性，在指定字段或表达式中不允许出现重复值。二者的区别是：主索引只能在数据库表中创建，一个表中只能创建一个主索引；而候选索引可以在数据库表和自由表中创建，一个表中能创建多个候选索引。唯一索引和普通索引允许字段出现重复值。

答案： A

【例 14】通过指定字段的数据类型和宽度来限制该字段的取值范围，这属于数据完整性中的_____。（2003 年 9 月）

A. 参照完整性　　　　B. 实体完整性　　　C. 域完整性　　　D. 字段完整性

解析： 数据完整性包括实体完整性、域完整性和参照完整性。实体完整性是保证表中记录唯一的特性，即在一个表中不允许有重复的记录。在 Visual FoxPro 中利用主关键字或候选关键字来保证实体完整性。域完整性是表中域的特性，对表中字段取值的限定都认为是域完整性的范围，如字段的类型、字段的宽度和字段的有效性规则等。字段有效性规则主要用于

数据输入正确性的检验。参照完整性与表之间的联系有关，当插入、删除或修改一个表中的数据时，通过参照引用相互关联的另一个表中的数据，来检查对表的数据操作是否正确。

答案：C

【例 15】在创建数据库表结构时，给该表指定了主索引，这属于数据完整性中的_____。（2005 年 4 月）

A．参照完整性　　　　B．实体完整性　　C．域完整性　　　D．用户定义完整性

解析：同例 14。

答案：B

【例 16】为了设置两个表之间的数据参照完整性，要求这两个表是_____。（2003 年 9 月）

A．同一个数据库中的两个表　　　　B．两个自由表

C．一个自由表和一个数据库表　　　D．没有限制

解析：要设置两个表之间的数据参照完整性，则这两个表之间必须存在永久关系。只有两个表在同一数据库中才能设置永久关系。

答案：A

【例 17】如果指定参照完整性的删除规则为"级联"，则当删除父表中的记录时_____。（2004 年 4 月）

A．系统自动备份父表中的被删除记录到一个新表中

B．若子表中有相关记录，则禁止删除父表中的记录

C．会自动删除子表中所有相关记录

D．不进行参照完整性检查，删除父表记录与子表无关

解析：参照完整性的删除规则包括级联、限制和忽略 3 个选项。删除规则规定了当删除父表中的记录时，如果选择级联，则自动删除子表中的所有相关记录；如果选择限制，若子表中有相关的记录，则禁止删除父表中的记录；如果选择忽略，不进行参照完整性检查，即删除父表的记录时与子表无关。

答案：C

【例 18】设有两个数据库表，父表和子表之间是一对多的联系，为控制子表和父表的关联，可以设置"参照完整性规则"，为此要求这两个表_____。（2005 年 4 月）

A．在父表连接字段上建立普通索引，在子表连接字段上建立主索引

B．在父表连接字段上建立主索引，在子表连接字段上建立普通索引

C．在父表连接字段上不需要建立任何索引，在子表连接字段上建立普通索引

D．在父表和子表的连接字段上都要建立主索引

解析：在数据库设计器中设计表之间的联系时，要在父表中建立主索引，在子表中建立普通索引，然后通过父表的主索引和子表的普通索引建立两表之间的联系。

答案：B

【例 19】Visual FoxPro 的"参照完整性"中"插入规则"包括的选项是_____。（2005 年 4 月）

A．级联和忽略　　　B．级联和删除　　C．级联和限制　　D．限制和忽略

解析：参照完整性的规则包括更新规则、删除规则和插入规则。在更新规则和删除规则

中都包括级联、限制和忽略三个选项，而插入规则中只包括限制和忽略两个选项。

答案：D

【例20】参照完整性规则的更新规则中"级联"的含义是_____。（2008年4月）

A. 更新父表中连接字段值时，用新的连接字段自动修改子表中的所有相关记录

B. 若子表中有与父表相关的记录，则禁止修改父表中连接字段值

C. 父表中的连接字段值可以随意更新，不会影响子表中的记录

D. 父表中的连接字段值在任何情况下都不允许更新

解析：参照完整性规则包括更新规则、删除规则和插入规则，更新规则规定了当更新父表中的连接字段（主关键字）值时，"级联"表示用新的连接字段值自动修改子表中的所有相关记录；删除规则规定了当删除父表中的记录时，"级联"表示自动删除子表中的所有相关记录。

答案：A

【例21】在Visual FoxPro中，有关参照完整性的删除规则正确的描述是_____。（2009年3月）

A. 如果删除规则选择的是"限制"，则当用户删除父表中的记录时，系统将自动删除子表中的所有相关记录

B. 如果删除规则选择的是"级联"，则当用户删除父表中的记录时，系统将禁止删除与子表相关的父表中的记录

C. 如果删除规则选择的是"忽略"，则当用户删除父表中的记录时，系统不负责检查子表中是否有相关记录

D. 上面三种说法都不对

解析：参照完整性规则包括更新规则、删除规则和插入规则，删除规则规定了当删除父表中的记录时，"级联"表示自动删除子表中的所有相关记录；"限制"表示若子表中有相关的记录，则禁止删除父表中的记录；"忽略"表示不进行参照完整性检查，即删除父表的记录时与子表无关。

答案：C

【例22】在Visual FoxPro中，假定数据库表S（学号,姓名,性别,年龄）和SC(学号,课程号,成绩)之间使用"学号"建立了表之间的永久联系，在参照完整性的更新规则、删除规则和插入规则中设置了"限制"，如果表S所有的记录在表SC中都有相关联的记录，则_____。（2007年4月）

A. 允许修改表S中的学号字段值　　　　　B. 允许删除表S中的记录

C. 不允许修改表S中的学号字段值　　　　D. 不允许在表S中增加新的记录

解析：数据库表之间的参照完整性规则包括级联、限制和忽略，如果将两个表之间的更新规则、插入规则和删除规则中都设置了"限制"，则不允许修改两个表之间的公共字段。

答案：C

【例23】打开数据库abc的正确命令是_____。（2005年4月）

A. OPEN DATABASE abc　　　　　　　　B. USE abc

C. USE　DATABASE abc　　　　　　　　D. OPEN abc

解析：在Visual FoxPro中，打开数据库的命令是OPEN DATABASE <数据库名>，打开

数据表的命令是 USE <表名>。

答案：A

【例 24】MODIFY STRUCTURE 命令的功能是_____。（2008 年 4 月）

A．修改记录值　　　　　　　　　B．修改表结构

C．修改数据库结构　　　　　　　D．修改数据库或表结构

解析：MODIFY STRUCTURE 命令没有参数，其功能是修改已经打开的表结构。

答案：B

【例 25】在数据库中建立表的命令是_____。（2009 年 9 月）

A．CREATE　　　　　　　　　　B．CREATE DATABASE

C．CREATE QUERY　　　　　　　D．CREATE FORM

解析：CREATE DATABASE 用于创建数据库；CREATE QUERY 用于创建查询；CREATE FORM 用于创建表单；直接用 CREATE 用于创建表。

答案：A

【例 26】有关 ZAP 命令的描述，正确的是_____。（2007 年 9 月）

A．ZAP 命令只能删除当前表的当前记录

B．ZAP 命令只能删除当前表的带有删除标记的记录

C．ZAP 命令能删除当前表的全部记录

D．ZAP 命令能删除表的结构和全部记录

解析：ZAP 命令用于删除表中的全部记录，只删除记录，表结构依然存在。

答案：C

【例 27】要为当前表所有性别为"女"的职工增加 100 元工资，应使用命令_____。（2008 年 4 月）

A．REPLACE ALL 工资 WITH 工资+100

B．REPLACE 工资 WITH 工资+100 FOR 性别="女"

C．REPLACE ALL 工资 WITH 工资+100

D．CHANGE ALL 工资 WITH 工资+100 FOR 性别="女"

解析：CHANGE 命令用于对表中的记录进行编辑和修改。REPLACE 命令用指定表达式的值修改记录。REPLACE <字段> WITH <表达式> FOR <条件>，表示把表中满足条件记录的指定字段的值替换成表达式的值，加了 FOR <条件>，可以省略范围 ALL。若将 B 改为 REPLACE ALL 工资 WITH 工资+100 FOR 性别="女"，也是正确的。

答案：B

【例 28】用命令 INDEX ON 姓名 TAG index_name 建立索引，其索引类型是_____。（2003 年 9 月）

A．主索引　　　　　B．候选索引　　　　　C．普通索引　　　　　D．唯一索引

解析：INDEX 命令可以建立普通索引、候选索引和唯一索引，但是候选索引和唯一索引需要使用关键字 CANDIDATE 和 UNIQUE。

答案：C

【例 29】执行 INDEX ON 姓名 TAG index_name 命令建立索引后，下列叙述错误的是_____。（2003 年 9 月）

A. 此命令建立的索引是当前有效索引

B. 此命令所建立的索引将保存在.idx 文件中

C. 表中记录按索引表达式升序排序

D. 此命令的索引表达式是"姓名"，索引名是"index_name"

解析：此命令执行后将建立一个按升序排序、索引表达式是"姓名"、索引文件名是"index_name.cdx"的复合索引。

答案：B

【例 30】已知表中有字符型字段职称和性别，要建立一个索引，要求首先按职称排序，职称相同时再按性别排序，正确的命令是_____。（2007 年 9 月）

A. INDEX ON 职称＋性别 TO ttt　　　B. INDEX ON 性别＋职称 TO ttt

C. INDEX ON 职称，性别 TO ttt　　　D. INDEX ON 性别，职称 TO ttt

解析：建立索引文件的格式是 INDEX ON ＜索引表达式＞ TO ＜单索引文件名＞|TAG ＜索引标识名＞ [OF＜复合索引文件名＞]，对多个字段索引，用"＋"将多个字段连接，若字段类型不同，转换成相同类型后再连接。

答案：A

【例 31】打开表并设置当前有效索引（相关索引已建立）的正确命令是_____。（2003 年 9 月）

A. ORDER student IN 2 INDEX 学号

B. USE student IN 2 ORDER 学号

C. INDEX 学号 ORDER student

D. USE student IN 2

解析：USE student IN 2 ORDER 学号：表示在第 2 工作区打开 student 表，并设置学号为当前有效索引。

答案：B

【例 32】有一个学生表文件，且通过表设计器已经为该表建立了若干普通索引。其中一个索引的索引表达式为姓名字段，索引名为 XM。现假设学生表已经打开，且处于当前工作区中，那么可以将上述索引设置为当前索引的命令是_____。（2005 年 9 月）

A. SET INDEX TO 姓名　　　　　B. SET INDEX TO XM

C. SET ORDER TO 姓名　　　　　D. SET ORDER TO XM

解析：在数据表已经打开的情况下，设置当前索引的命令格式是 SET ORDER TO ＜索引文件名＞。

答案：D

【例 33】在 Visual FoxPro 中，使用 LOCATE FOR＜条件＞命令按条件查找记录，当查找到满足条件的第一条记录后，如果还需要查找下一条满足条件的记录，应使用_____。（2005 年 4 月）

A. 再次使用 LOCATE FOR＜条件＞命令　　B. SKIP 命令

C. CONTINUE 命令　　　　　　　　D. GO 命令

解析：LOCATE FOR ＜条件＞命令用于查询数据表中满足条件的第一条记录，CONTINUE 命令常与 LOCATE 命令配合使用，用于查询满足 LOCATE 条件的下一条记录。

答案：C

【例 34】在 Visual FoxPro 中，每一个工作区中最多能打开数据库表的数量是_____。
（2009 年 3 月）

    A．1 个   B．2 个

    C．任意个，根据内存资源而确定   D．35535 个

解析：一个工作区只能同时打开一个表，若同一时刻需要打开多个表，则需要选择多个不同的工作区。

答案：A

【例 35】命令 SELECT 0 的功能是_____。（2007 年 9 月）

    A．选择编号最小的未使用工作区   B．选择 0 号工作区

    C．关闭当前工作区的表   D．选择当前工作区

解析：在 Visual FoxPro 中支持多工作区，SELECT <工作区号>用于选择一个工作区为当前工作区，若工作区号为 0，则选用当前未使用过的编号最小的工作区为当前工作区。

答案：A

【例 36】执行 USE sc IN 0 命令的结果是_____。（2009 年 3 月）

    A．选择 0 号工作区打开 sc 表   B．选择空闲的最小号的工作区打开 sc 表

    C．选择第 1 号工作区打开 sc   D．显示出错信息

解析：USE sc IN 0 等价于下面两条命令：

```
SELECT 0      &&选择空闲的最小号工作区
USE sc        &&打开 sc 表
```

答案：B

【例 37】两表之间"临时性"联系称为"关联"，在两个表之间的关联已经建立的情况下，有关"关联"的正确叙述是_____。（2003 年 9 月）

    A．建立关联的两个表一定在同一个数据库中

    B．两表之间"临时性"联系是建立在两表之间"永久性"联系基础之上的

    C．当父表记录指针移动时，子表记录指针按一定的规则跟随移动

    D．当关闭父表时，子表自动被关闭

解析：关联是在两个表文件的记录指针之间建立一种临时关系，当一个表（父表）的记录指针移动时，与之关联的另一个表（子表）的记录指针也进行相应的移动。建立永久性关系，要求两表属于同一个数据库，关联不需要。关联时需要在两个不同的工作区中打开父表和子表，关闭父表时不会自动关闭子表。

答案：C

3.2.2 填空题

【例 1】在 Visual FoxPro 中，所谓自由表就是那些不属于任何_____的表。（2006 年 9 月）

解析：在 Visual FoxPro 中，数据表分为自由表和数据库表两种，不属于任何数据库的表称为自由表，自由表和数据库表可以相互转化。

答案：数据库

【例 2】 在定义字段有效性规则时，在规则框中输入的表达式类型是_____。（2006 年 4 月）

解析： 定义字段有效性规则有 3 项，在规则框中输入的表达式是逻辑型表达式，在信息框中输入的表达式是字符型表达式，默认值的类型由字段类型确定。

答案： 逻辑型

【例 3】 在 Visual FoxPro 中，可以在表设计器中为字段设置默认值的表是_____。（2005 年 4 月）

解析： 在数据库表中可以设置字段有效性规则，在自由表中不能设置。

答案： 数据库表

【例 4】 在 Visual FoxPro 中，建立索引的作用之一是提高_____速度。（2003 年 9 月）

解析： 建立索引的主要作用是可以提高数据的查询速度。

答案： 查询

【例 5】 在 Visual FoxPro 中，数据库表中不允许有重复记录是通过指定_____来实现的。（2005 年 9 月）

解析： 在 Visual FoxPro 中，利用主关键字或候选关键字来保证表中记录唯一，即保证数据的实体完整性。

答案： 主索引（主关键字）或候选索引（候选关键字）

【例 6】 每个数据库表可以建立多个索引，但是_____索引只能建立 1 个。（2008 年 9 月）

解析： 在 Visual FoxPro 中，索引按照功能的不同，可以分为主索引、候选索引、普通索引和唯一索引 4 种类型，其中主索引只能在数据库表中建立，每个数据库表只能建立一个主索引，其他 3 种索引，既可以在数据库表又可以在自由表中建立，每个数据库表可以建立多个候选索引、普通索引和唯一索引。

答案： 主

【例 7】 在 Visual FoxPro 中，通过建立数据库表的主索引可以实现数据的_____完整性。（2007 年 4 月）

解析： 在 Visual FoxPro 中，主索引能够唯一标识表中的每个记录，不允许重复，可以保证数据的实体完整性。

答案： 实体

【例 8】 使用数据库设计器为两个表建立联系，首先应在父表中建立_____索引，在子表中建立_____索引。（2004 年 4 月）

解析： 在数据库设计器中为两个表建立联系时，要在父表中建立主索引，在子表中建立普通索引，然后通过父表中的主索引和子表中的普通索引建立两个表之间的永久性联系。

答案： 主索引，普通索引

【例 9】 当删除父表中的记录时，若子表中的所有相关记录也能自动删除，则相应的参照完整性的删除规则为_____。（2004 年 9 月）

解析： 在删除规则中，当删除父表中的记录时，如果选择级联，则自动删除子表中的所有相关记录；如果选择限制，若子表有相关的记录，则禁止删除父表中的记录；如果选择忽略，则不进行参照完整性检查，即删除父表的记录时与子表无关。

答案： 级联

【例 10】 在 Visual FoxPro 中的"参照完整性"中,"插入规则"包括的选择是"限制"和_____。（2009 年 9 月）

解析：插入规则规定了当插入子表中的记录时,是否进行参照完整性检查,包括限制和忽略两个选项。选择限制,若父表中没有相匹配的连接字段值则禁止插入记录；选择忽略,不进行参照完整性检查,即可以随意插入记录。

答案：忽略

【例 11】 在 Visual FoxPro 文件中,CREATE DATABASE 命令创建一个扩展名为_____的数据库。（2003 年 9 月）

解析：数据库文件的扩展名为.dbc,数据表文件的扩展名为.dbf。

答案：DBC

【例 12】 将数据库表变为自由表的命令是_____TABLE。（2004 年 9 月）

解析：将数据库表从数据库中移出的命令是 REMOVE TABLE <数据库表名> [DELETE|RECYCLE],选择[DELETE|RECYCLE]则删除数据库表。

答案：REMOVE

【例 13】 在 Visual FoxPro 中修改表结构的非 SQL 命令是_____。（2007 年 9 月）

解析：在 Visual FoxPro 中可以通过 SQL 命令（ALTER）或非 SQL 命令（MODIFY STRUCTURE）修改表结构。

答案：MODIFY STRUSTURE

【例 14】 不带条件的 DELETE 命令（非 SQL 命令）将删除指定表的_____记录。（2006 年 9 月）

解析：不带条件的 DELETE 命令将逻辑删除当前记录,而作为 SQL 命令不带条件时,则逻辑删除表中的所有记录

答案：当前

【例 15】 在 Visual FoxPro 中,在当前打开的表中物理删除带有删除标记记录的命令是_____。（2008 年 4 月）

解析：Visual FoxPro 中物理删除当前表中的记录有两个命令: PACK 表示物理删除当前表中标记为逻辑删除的记录；ZAP 表示物理删除当前表中的所有记录。

答案：PACK

【例 16】 在 Visual FoxPro 中,设有一个学生表 STUDENT,其中有学号、姓名、年龄和性别等字段,用户可以用命令"_____ 年龄 WITH 年龄+1"将表中所有学生的年龄增加一岁。（2009 年 3 月）

解析：REPLACE <字段> WITH <表达式>,表示把表中当前记录的指定字段的值替换成表达式的值；REPLACE ALL <字段> WITH <表达式>,表示把表中所有记录的指定字段的值替换成表达式的值。

答案：REPLACE ALL

【例 17】 在 Visual FoxPro 中,使用 LOCATE ALL 命令按条件对表中的记录进行查找,若查不到记录,函数 EOF( )的返回值应是_____。（2007 年 9 月）

解析：LOCATE 命令查找到满足条件的第一条记录时,就结束查找并将记录指针指向该记录,此时函数 FOUND()的返回值为.T.,函数 EOF()的返回值为.F.。如果没有查找到满足条

件的记录，则记录指针指向"范围"尾记录，若范围为 ALL，则记录指针指向文件结束标志，此时函数 FOUND() 的返回值为.F.，函数 EOF() 的返回值为.T.。

答案：T.

【例 18】 在 Visual FoxPro 中选择一个没有使用的、编号最小的工作区的命令是_____。（2003 年 9 月）

解析：启动 Visual FoxPro 时，默认 1 号工作区是当前工作区，SELECT ＜工作区号＞|＜工作区别名＞ 可改变当前工作区。SELECT 0 表示选用当前未使用过的编号最小的工作区为当前工作区。

答案：SELECT 0

3.3 测试题

3.3.1 选择题

1. 可以链接或嵌入 OLE 对象的字段类型是_____。
   A. 备注型字段 　　　　　　　　　B. 字符型字段
   C. 任何类型字段 　　　　　　　　D. 通用型字段

2. 在 Visual FoxPro 中，下列各项数据类型在数据表中宽度相等的是_____。
   A. 日期型和逻辑型 　　　　　　　B. 日期型和通用型号
   C. 逻辑型和备注型 　　　　　　　D. 备注型和通用型

3. 以下关于主索引和候选索引的叙述正确的是_____。
   A. 主索引和候选索引都能保证表记录的唯一性
   B. 主索引和候选索引都可以建立在数据库表和自由表上
   C. 主索引可以保证表记录的唯一性，而候选索引不能
   D. 主索引和候选索引是相同的概念

4. 某数据表中定义了 3 个备注型字段和 2 个通用型字段，则相应的备注型文件的个数是_____。
   A. 0 　　　　　　B. 1 　　　　　　C. 2 　　　　　　D. 不确定

5. 在创建数据库表结构时，为该表中一些字段建立普通索引，其目的是_____。
   A. 改变表中记录的物理顺序 　　　B. 为了对表进行实体完整性的约束
   C. 加快数据库表的更新速度 　　　D. 加快数据库表的查询速度

6. 用命令"INDEX ON 姓名 TAG index_name UNIQUE"建立索引，其索引类型是_____。
   A. 主索引 　　　　B. 候选索引 　　　　C. 普通索引 　　　　D. 唯一索引

7. 在 Visual FoxPro 中，使用 LOCATE ALL FOR ＜条件＞命令查找记录，通过_____来判断找到满足条件的记录。
   A. FOUND() 函数返回.F.值 　　　　B. BOF() 函数返回.T.值
   C. EOF() 函数返回.T.值 　　　　　D. EOF() 函数返回.F.值

8. 某数据库文件有字符型、数值型和逻辑型 3 个字段，其中字符型字段宽度为 5，数值型字段宽度为 6，小数位为 2，库文件中共有 100 条记录，则全部记录需要占用的存储字节数

目是_____。

    A．1100   B．1200   C．1300   D．1400

9．某数值型字段的宽度为6，小数位为2，则该字段所能存放的最小数值是_____。

    A．0   B．-999.99   C．-99.99   D．-9999.99

10．如果要在当前表中新增一个字段，应使用_____命令。

    A．MODIFY STRUCTURE   B．APPEND

    C．INSERT   D．EDIT

11．下列字段名中不合法的是_____。

    A．计算机   B．123abc   C．abc_2   D．student

12．要存储员工上下班打卡的日期和时间，应采用_____字段。

    A．字符型   B．日期型   C．日期时间型   D．备注型

13．Visual FoxPro 中的参照完整性包括_____。

    A．更新规则   B．删除规则   C．插入规则   D．以上答案均正确

14．Visual FoxPro 中能够进行条件定位的命令是_____。

    A．SKIP   B．GO   C．LOCATE   D．SEEK

15．Visual FoxPro 中设置参照完整性时，要设置成：当更改父表中的主关键字段或候选关键字段时，自动更改所有相关子表记录中的对应值，应选择_____。

    A．忽略   B．级联   C．限制   D．忽略或限制

16．若当前数据表共有10条记录，且无索引文件处于打开状态，执行命令 GO 5 后接着执行命令 INSERT BLANK BEFORE，则此时记录指针指向第_____条记录。

    A．4   B．5   C．6   D．11

17．在 Visual FoxPro 中，以只读方式打开数据库文件的选项是_____。

    A．EXCLUSIVE   B．SHARED

    C．NOUPDATE   D．VALIDATE

18．对数据表的结构进行操作，是在_____环境下完成的。

    A．表设计器   B．表向导   C．表浏览器   D．表编辑器

19．使用 SEEK 命令搜索表中出生日期为 01/23/1996 的记录，应执行_____命令。

    A．SEEK {^1996/01/23}   B．SEEK {01/23/96}

    C．SEEK {96/01/23}   D．SEEK {01/23/1996}

20．哪一种索引文件会随着表的打开而自动打开，随着表的关闭而自动关闭_____。

    A．结构复合索引文件   B．独立复合索引文件

    C．单索引文件   D．以上都是

21．设表中有2条记录，当 BOF()的返回值为.T.时，其记录号为_____。

    A．0   B．1   C．2   D．.T.

22．使用 INDEX 命令不能为数据表创建_____。

    A．普通索引   B．候选索引   C．主索引   D．唯一索引

23．使用 INDEX 命令创建候选索引时应选参数_____。

    A．ASCENDING   B．DESCENDING

    C．CANDIDATE   D．UNIQUE

24．某数据表中的"婚否"字段为逻辑型，要显示所有已婚人的信息，应执行命令_____。

A．LIST FOR 婚否　　　　　　　　B．LIST FOR 婚否="真"

C．LIST FOR 婚否="已婚"　　　　　D．LIST 婚否

25．学生关系中有姓名、性别、出生日期等字段，要显示所有1985年出生的学生名单，应使用的命令是_____。

A．LIST 姓名 FOR 出生日期=1985

B．LIST 姓名 FOR 出生日期="1985"

C．LIST 姓名 FOR YEAR(出生日期)=1985

D．LIST 姓名 FOR YEAR("出生日期")=1985

26．要为当前所有学生的年龄增加2岁，应输入的命令是_____。

A．CHANGE ALL 年龄 WITH 年龄+2　　B．CHANGE ALL 年龄+2 WITH 年龄

C．REPLACE ALL 年龄 WITH 年龄+2　　D．REPLACE ALL 年龄+2 WITH 年龄

27．在建立唯一索引出现重复字段值时，只存储重复出现的_____记录。

A．第一个　　　　B．最后一个　　　　C．全部　　　　D．几个

28．Visual FoxPro 表结构中的逻辑型、通用型和日期型字段的宽度分别为_____。

A．1、4、8　　　B．4、4、10　　　　C．1、10、8　　　D．2、8、8

29．在 Visual FoxPro 的数据工作区窗口，使用 SET RELATION 命令可以建立两个表之间的关联，这种关联是_____。

A．永久性关联　　　　　　　　　　B．永久性关联或临时性关联

C．临时性关联　　　　　　　　　　D．永久性关联和临时性关联

30．在 Visual FoxPro 中，数据库表字段名最长为_____个字符。

A．10　　　　　　B．128　　　　　　C．130　　　　　D．156

3.3.2 填空题

1．建立表之间临时关联的命令是_____。

2．在表的尾部增加一条空白记录的命令是_____。

3．Visual FoxPro 中不允许在主关键字字段中有重复值或_____。

4．数据库文件是由.dbc、dct 和_____三个文件所构成。

5．当前工作区是5，要使2号工作区为当前工作区，应使用命令_____。

6．"参照完整性生成器"对话框中的"插入规则"选项卡用于指定在_____中插入新记录或更新已存在的记录时所用的规则。

7．"参照完整性生成器"对话框中的"删除规则"选项卡用于指定删除_____中的记录时所用的规则。

8．将自由表加到活动数据库中使用命令_____。

9．在 Visual FoxPro 中，指定从当前记录开始，直到表文件的最后一条记录为止的操作的范围字句是_____。

10．在 Visual FoxPro 中，自由表字段名最长为_____个字符。

11．当前指针在3号记录，要在当前表中第3条记录和第4条记录之间插入一条新记录，可以输入_____命令。

12. 关联是指使不同工作区的记录指针建立起一种_____的联动关系，当父表的记录指针移动时，子表的记录指针也随之移动。

13. 结构复合索引文件的主名与表的主名相同，它随_____的打开而打开，在删除记录时会自动维护。

14. 利用 LOCATE 命令查找到满足条件的第 1 条记录后，连续执行_____命令即可找到满足条件的其他记录。

15. 使用 INDEX 命令不能创建_____索引。

16. 数据表共有 10 条记录，当 BOF()为真时，记录号是_____。

17. 自由表的索引类型可以有普通索引、唯一索引和_____索引。

18. 一个数据表有 8 条记录，当 EOF()为真时，则当前记录号为_____。

3.4 测试题答案

选择题答案

1. D　　2. D　　3. A　　4. B　　5. D　　6. D　　7. D　　8. C　　9. C　　10. A
11. B　　12. C　　13. D　　14. C　　15. B　　16. B　　17. C　　18. A　　19. A　　20. A
21. B　　22. C　　23. C　　24. A　　25. C　　26. C　　27. A　　28. A　　29. C　　30. B

填空题答案

1. SET RELATION	2. APPEND BLANK
3. 空值	4. .DCX
5. SELECT 2	6. 子表
7. 父表	8. ADD TABLE
9. REST	10. 10
11. INSERT 或 INSERT BLANK	12. 临时
13. 表或数据表	14. CONTINUE
15. 主	16. 1
17. 候选	18. 9

第4章　SQL 关系数据库查询语言

4.1　知识要点

1. 数据库表的查询。
2. 数据库表结构的建立和修改。
3. 数据库表的数据修改功能。

4.2　典型试题与解析

4.2.1　选择题

以下【例1】~【例5】题使用如下 3 个表。

部门.DBF：部门号 C(8)，部门名 C(12)，负责人 C(6)，电话 C(16)

职工.DBF：部门号 C(8)，职工号 C(10)，姓名 C(8)，性别 C(2)，出生日期 D

工资.DBF：职工号 C(10)，基本工资 N(8,2)，津贴 N(8,2)，奖金 N(8,2)，扣除 N(8,2)

【例1】查询职工实发工资的正确命令是____。（2004 年 4 月）

A. SELECT 姓名,(基本工资+津贴+奖金-扣除) AS 实发工资 FROM 工资

B. SELECT 姓名,(基本工资+津贴+奖金-扣除) AS 实发工资 FROM 工资;
　　WHERE 职工.职工号=工资.职工号

C. SELECT 姓名,(基本工资+津贴+奖金-扣除) AS 实发工资 FROM 工资,职工;
　　WHERE 职工.职工号=工资.职工号

D. SELECT 姓名,(基本工资+津贴+奖金-扣除) AS 实发工资;
　　FROM 工资 JOIN 职工 WHERE 职工.职工号=工资.职工号

解析： "实发工资"字段是一个虚拟字段，是由几个字段计算得到的。姓名和工资情况是来自两个不同的表，需要两个表进行联接查询，联接查询有两种方式，一种方式是 C 答案，别一种方式是使用 JOIN...ON...语句，使用 JOIN 短语，不能用 WHERE 短语设置联接条件。

答案： C

【例2】查询 1962 年 10 月 27 日出生的职工信息的正确命令是____。（2004 年 4 月）

A. SELECT * FROM 职工 WHERE 出生日期={^1962-10-27}

B. SELECT * FROM 职工 WHERE 出生日期=1962-10-27

C. SELECT * FROM 职工 WHERE 出生日期="1962-10-27"

D. SELECT * FROM 职工 WHERE 出生日期=("1962-10-27")

解析： 在使用 SQL 语言查询数据时，日期格式一律使用严格日期格式。

答案：A

【例3】查询每个部门年龄最长者的信息，要求得到的信息包括部门名和最长者的出生日期。正确的命令是____。（2004 年 4 月）

A. SELECT 部门名,MIN(出生日期) FROM 部门 JOIN 职工;
   ON 部门.部门号=职工.部门号 GROUP BY 部门名

B. SELECT 部门名,MAX(出生日期) FROM 部门 JOIN 职工;
   ON 部门.部门号=职工.部门号 GROUP BY 部门名

C. SELECT 部门名,MIN(出生日期) FROM 部门 JOIN 职工;
   WHERE 部门.部门号=职工.部门号 GROUP BY 部门名

D. SELECT 部门名,MAX(出生日期) FROM 部门 JOIN 职工;
   WHERE 部门.部门号=职工.部门号 GROUP BY 部门名

解析：按部门名进行分组，每组找出"出生日期"最小的职工即是年龄最大的职工。

答案：A

【例4】查询有 10 名以上（含 10 名）职工的部门信息（部门名和职工人数），并按职工人数降序排列。正确的命令是____。（2004 年 4 月）

A. SELECT 部门名,COUNT(职工号) AS 职工人数 FROM 部门,职工;
   WHERE 部门.部门号=职工.部门号;
   GROUP BY 部门名 HAVING COUNT(*)>=10 ORDER BY COUNT(职工号) ASC

B. SELECT 部门名,COUNT(职工号) AS 职工人数 FROM 部门,职工;
   WHERE 部门.部门号=职工.部门号;
   GROUP BY 部门名 HAVING COUNT(*)>=10 ORDER BY COUNT(职工号) DESC

C. SELECT 部门名,COUNT(职工号) AS 职工人数 FROM 部门,职工;
   WHERE 部门.部门号=职工.部门号;
   GROUP BY 部门名 HAVING COUNT(*)>=10 ORDER BY 职工人数 ASC

D. SELECT 部门名,COUNT(职工号) AS 职工人数 FROM 部门,职工;
   WHERE 部门.部门号=职工.部门号;
   GROUP BY 部门名 HAVING COUNT(*)>=10 ORDER BY 职工人数 DESC

解析：按部门名进行分组，每组记录的个数即是每个部门的人数，查询有 10 名以上（含 10 名）职工的部门信息即是查询每组的记录个数大于等于 10 的组的信息。

在使用 ORDER BY 短语时，是按某个字段或某个虚拟字段进行排序，不能按某个表达式的运算结果进行排序。

答案：D

【例5】查询所有目前年龄在 35 岁以上（不含 35 岁）的职工信息（姓名、性别和年龄），正确的命令是____。（2004 年 4 月）

A. SELECT 姓名,性别,YEAR(DATE())-YEAR(出生日期) 年龄;
   FROM 职工 WHERE 年龄>35

B. SELECT 姓名,性别,YEAR(DATE())-YEAR(出生日期) 年龄;
   FROM 职工 WHERE YEAR(出生日期)>35

C. SELECT 姓名,性别,YEAR(DATE())-YEAR(出生日期) 年龄;

FROM 职工 WHERE YEAR(DATE())-YEAR(出生日期)>35

D. SELECT 姓名,性别,年龄=YEAR(DATE())-YEAR(出生日期);

FROM 职工 WHERE YEAR(DATE())-YEAR(出生日期)>35

解析： WHERE 语句后不能使用虚拟字段，但可以使用运算表达式。

答案： C

以下【例6】~【例14】题使用如下两个表。（2006年9月）

<table>
<tr><td colspan="2" align="center">"歌手"表</td><td colspan="3" align="center">"评分"表</td></tr>
<tr><td>歌 手 号</td><td>姓 名</td><td>歌 手 号</td><td>分 数</td><td>评 委 号</td></tr>
<tr><td>1001</td><td>王蓉</td><td>1001</td><td>9.8</td><td>101</td></tr>
<tr><td>2001</td><td>许巍</td><td>2001</td><td>9.6</td><td>102</td></tr>
<tr><td>3001</td><td>周杰伦</td><td>3001</td><td>9.7</td><td>103</td></tr>
<tr><td>4001</td><td>林俊杰</td><td>4001</td><td>9.8</td><td>104</td></tr>
<tr><td>...</td><td></td><td></td><td></td><td></td></tr>
</table>

【例6】 为"歌手"表增加一个字段"最后得分"的 SQL 语句是____。（2006年9月）

A. ALTER TABLE 歌手 ADD 最后得分 F(6,2)

B. ALTER DBF 歌手 ADD 最后得分 F 6,2

C. CHANGE TABLE 歌手 ADD 最后得分 F(6,2)

D. CHANGE TABLE 学院 INSERT 最后得分 F 6,2

解析： 修改表结构使用 ALTER 语句，在设定数据宽度和小数点位数时要用括号括起来。

答案： A

【例7】 插入一条记录到"评分"表中，歌手号、分数和评委号分别是"1001"、9.9 和"105"，正确的 SQL 语句是____。（2006年9月）

A. INSERT VALUES ("1001",9.9, "105") INTO 评分 (歌手号,分数,评委号)

B. INSERT TO 评分 (歌手号,分数,评委号) VALUES ("1001",9.9, "105")

C. INSERT INTO 评分 (歌手号,分数,评委号) VALUES ("1001",9.9, "105")

D. INSERT VALUES ("100",9.9, "105") TO 评分 (歌手号,分数,评委号)

解析： 插入记录命令 INSERT INTO <表名>[(字段名 1 [,字段名 2,...])] VALUES (数值 1[,数值 2，...])，如果给表中每个字段都插入一个值，且插入的数据顺序与表中字段的顺序一致，则 VALUES 前的字段列表可省略。

答案： C

【例8】 假设每个歌手的"最后得分"的计算方法是：去掉一个最高分和一个最低分，取剩下分数的平均分。根据"评分"表求每个歌手的"最后得分"并存储于表 TEMP 中。表 TEMP 中有两个字段"歌手号"和"最后得分"，并且按最后得分降序排列。生成表 TEMP 的 SQL 语句是____。（2006年9月）

A. SELECT 歌手号,(COUNT(分数)-MAX(分数)-MIN(分数))/(SUM(*)-2) 最后得分;

FROM 评分 INTO DBF TEMP GROUP BY 歌手号 ORDER BY 最后得分 DESC

B. SELECT 歌手号,(COUNT(分数)-MAX(分数)-MIN(分数))/(SUM(*)-2) 最后得分;

　　　　FROM 评分 INTO DBF TEMP GROUP BY 评委号 ORDER BY 最后得分 DESC

　　C．SELECT 歌手号,(SUM(分数)-MAX(分数)-MIN(分数))/(COUNT(*)-2) 最后得分;

　　　　FROM 评分 INTO DBF TEMP GROUP BY 评委号 ORDER BY 最后得分 DESC

　　D．SELECT 歌手号,(SUM(分数)-MAX(分数)-MIN(分数))/(COUNT(*)-2) 最后得分;

　　　　FROM 评分 INTO DBF TEMP GROUP BY 歌手号 ORDER BY 最后得分 DESC

　　解析：COUNT()是统计某字段的记录个数，SUM()是计算某一列值的总和（此列必须是数值型），MAX()是计算某一列值的最大值，MIN()是计算某一列值的最小值。

　　按歌手号进行分组，每组中的所有得分即是所有评委给该歌手所打的分。在每组中求（总分-最高分-最低分）/评委的个数，即为最后得分。

　　答案：D

　　【例9】与"SELECT * FROM 歌手 WHERE NOT(最后得分>9.00 OR 最后得分<8.00=")等价的语句是____。（2006年9月）

　　A．SELECT * FROM 歌手 WHERE 最后得分 BETWEEN 9.00 AND 8.00

　　B．SELECT * FROM 歌手 WHERE 最后得分>=8.00 AND 最后得分<=9.00

　　C．SELECT * FROM 歌手 WHERE 最后得分>9.00 OR 最后得分<8.00

　　D．SELECT * FROM 歌手 WHERE 最后得分<=8.00 AND 最后得分>=9.00

　　解析：BETWEEN…AND… 表示"在…和…之间"，写查询范围时，小数写在 AND 前面，大数写在 AND 后面，如果反过来写，则这个条件永远为假。

　　答案：B

　　【例10】为"评分"表的"分数"字段添加有效性规则："分数必须大于等于 0 并且小于等于10"。正确的 SQL 语句是____。（2006年9月）

　　A．CHANGE TABLE 评分 ALTER 分数 SET CHECK 分数>=0 AND 分数<=10

　　B．ALTER TABLE 评分 ALTER 分数 SET CHECK 分数>=0 AND 分数<=10

　　C．ALTER TABLE 评分 ALTER 分数 CHECK 分数>=0 AND 分数<=10

　　D．CHANGE TABLE 评分 ALTER 分数 SET CHECK 分数>=0 OR 分数<=10

　　解析：由于"分数"字段在"评分"表中已存在，所以应使用修改有效性规则语句：ALTER TABLE <表名> ALTER <字段名> SET CHECK…，而不能使用 ALTER TABLE <表名> ADD <字段名> CHECK…语句。

　　答案：B

　　【例11】根据"歌手"表建立视图 myview，视图中含有包括了"歌手号"左边第一位是"1"的所有记录，正确的 SQL 语句是____。（2006年9月）

　　A．CREATE VIEW myview AS SELECT * FROM 歌手 WHERE LEFT(歌手号,1)= "1"

　　B．CREATE VIEW myview AS SELECT * FROM 歌手 WHERE LIKE("1"歌手号)

　　C．CREATE VIEW myview SELECT * FROM 歌手 WHERE LEFT(歌手号,1)= "1"

　　D．CREATE VIEW myview SELECT * FROM 歌手 WHERE LIKE("1"歌手号)

　　解析：定义视图的命令格式是 CREATE VIEW <视图名> AS <SELECT 语句>。

　　取左子串函数 LEFT(<字符表达式>, <数值表达式 N>)，功能是返回从字符串左端开始，连续取 N 位字符所组成的字符串。

　　字符串匹配函数 LIKE(<C1>,<C2>)，功能是比较 C1 与 C2 是否匹配，若匹配返回.T.，否则返回.F.，C1 中可以使用通配符*或?，而 C2 中不能使用通配符。

答案： A

【例 12】 删除视图 myview 的命令是_____。（2006 年 9 月）

A. DELETE myview VIEW

B. DELETE myview

C. DROP myview VIEW

D. DROP VIEW myview

解析： 删除视图的 SQL 命令格式是 DROP VIEW <视图名>。

删除视图的 Visul FoxPro 命令格式是 DELETE VIEW <视图名>。

答案： D

【例 13】 假设 temp. dbf 数据表中有两个字段"歌手号"和"最后得分"，下面程序的功能是：将 temp. dbf 中歌手的"最后得分"填入"歌手"表对应歌手的"最后得分"字段中（假设已增加了该字段）。在下画线处应该填写的 SQL 语句是_____。（2006 年 9 月）

```
USE 歌手
DO WHILE . NOT. EOF()
_____
REPLACE 歌手.最后得分 WITH a(2)
SKIP
ENDDO
```

A. SELECT * FROM temp WHERE temp.歌手号=歌手.歌手号 TO ARRAY a

B. SELECT * FROM temp WHERE temp.歌手号=歌手.歌手号 INTO ARRAY a

C. SELECT * FROM temp WHERE temp.歌手号=歌手.歌手号 TO FILE a

D. SELECT * FROM temp WHERE temp.歌手号=歌手.歌手号 INTO FILE a

解析： 在 DO WHILE 循环中每一次从歌手表中取出一条记录与 temp 表中的记录按"歌手号"进行联系，把查询的结果放到数组 a 中，a(1)里存放的是"歌手号"，a(2)里存放的是"最后得分"，然后使用 REPLACE 语句用 a(2)替换歌手表中的"最后得分"字段。

答案： B

【例 14】 与"SELECT DISTINCT 歌手号 FROM 歌手 WHERE 最后得分＞ALL(SELECT 最后得分 FROM 歌手 WHERE SUBSTR(歌手号,1,1)= "2")"等价的 SQL 语句是_____。（2006 年 9 月）

A. SELECT DISTINCT 歌手号 FROM 歌手 WHERE 最后得分＞=;
(SELECT MAX(最后得分)FROM 歌手 WHERE SUBSTR (歌手号,1,1)= "2")

B. SELECT DISTINCT 歌手号 FROM 歌手 WHERE 最后得分＞=;
(SELECT MIN(最后得分)FROM 歌手 WHERE SUBSTR (歌手号,1,1)= "2")

C. SELECT DISTINCT 歌手号 FROM 歌手 WHERE 最后得分＞=ANY;
(SELECT MAX(最后得分)FROM 歌手 WHERE SUBSTR (歌手号,1,1)= "2")

D. SELECT DISTINCT 歌手号 FROM 歌手 WHERE 最后得分＞=SOME;
(SELECT MAX (最后得分)FROM 歌手 WHERE SUBSTR (歌手号,1,1)= "2")

解析： 题干是检索出"最后得分"大于"歌手号"第一个数字为"2"的所有歌手的"歌手号"，要大于所有第一个数字为"2"的歌手的"最后得分"，只要满足大于其中的最高得分就可以了。

答案：A

【例15】设有学生选课表 SC(学号，课程号，成绩)，用 SQL 检索同时选修课程号为"C1"和"C5"的学生的学号的正确命令是_____。（2007 年 4 月）

    A. SELECT 学号 FROM SC WHERE 课程号="C1" AND 课程号="C5"

    B. SELECT 学号 FROM SC WHERE 课程号="C1" AND 课程号=;

       (SELECT 课程号 FROM SC WHERE 课程号="C5")

    C. SELECT 学号 FROM SC WHERE 课程号="C1" AND 学号=;

       (SELECT 学号 FROM SC WHERE 课程号="C5")

    D. SELECT 学号 FROM SC WHERE 课程号="C1" AND 学号 IN;

       (SELECT 学号 FROM SC WHERE 课程号="C5")

解析：在主查询中查找选了"C1"课程的学生的学号，如果这些学号也出现在选修了"C5"课程的学号中，那么这些学生既选修了"C1"课程，又选修了"C5"课程。

答案：D

4.2.2 填空题

【例1】～【例4】题使用如下 3 个表。

零件.DBF：零件号 C(2)，零件名称 C(10)，单价 N(10)，规格 C(8)

使用零件.DBF：项目号 C(2)，零件号 C(2)，数量 I

项目.DBF：项目号 C(2)，项目名称 C(20)，项目负责人 C(10)，电话 C(20)

【例1】为"数量"字段增加有效性规则：数量>0。应该使用的 SQL 语句是____TABLE 使用零件 ____ 数量 SET ____ 数量>0。（2004 年 4 月）

解析：修改有效性规则的格式是：ALTER TABLE <表名> ALTER <字段名 1> SET CHECK 域完整性约束条件

答案：ALTER； ALTER； CHECK

【例2】查询与项目"s1"（项目号）所使用的任意一个零件相同的项目号、项目名称、零件号和零件名称，使用的 SQL 语句是：

SELECT 项目.项目号,项目名称,使用零件.零件号,零件名称;

FROM 项目,使用零件,零件 WHERE 项目.项目号=使用零件.项目号____;

使用零件.零件号=零件.零件号 AND 使用零件.零件号____;

(SELECT 零件号 FROM 使用零件 WHERE 使用零件.项目号="s1")。（2004 年 4 月）

解析：WHERE 条件语句后如果有多个条件，多个条件之间用 AND 或 OR 联接，本题这 3 个条件必须同时成立，所以用 AND 联接。在嵌套查询时有 3 种嵌套方式，一是使用关系符（如等号、大于号等）联接嵌套子查询，子查询的结果只能是一个数据，这样才能比较。二是使用 IN 或 NOT IN 联接嵌套子查询，判断某个字段是否在查询结果中出现，子查询的结果可以是多条记录。三是使用 EXISTS 或 NOT EXISTS，判断子查询是否有结果，没有比较的含意。

答案：AND； IN

【例3】建立一个由零件名称、数量、项目号、项目名称字段构成的视图，视图中只包含项目号为"s2"的数据，应该使用的 SQL 语句是：

CREATE VIEW item_view ____;

SELECT 零件.零件名称,使用零件.数量,使用零件.项目号,项目.项目名称;

FROM 零件 INNER JOIN 使用零件;

INNER JOIN ____;

ON 使用零件.项目号=项目.项目号;

ON 零件.零件号=使用零件.零件号;

WHERE 项目.项目号="s2"。 （2004 年 4 月）

解析：在 JOIN 语句进行多表联接时，JOIN 联接表的顺序和 ON 联接条件的顺序恰好相反。

答案：AS； 项目

【**例 4**】从上一题建立的视图中查询使用数量最多的 2 个零件的信息，应该使用的 SQL 语句是 SELECT * ____ 2 FROM item_view ____ 数量 DESC。（2004 年 4 月）

解析：使用 TOP 语句可以只显示前几条记录，用 ORDER BY 语句进行排序。

答案：TOP； ORDER BY

4.3 测试题

4.3.1 选择题

学院数据库中有两个表，一个是"学院"表，另一个是"教师"表，1～11 题使用如下两个数据库表。

"教师"表

职 工 号	系 号	姓 名	工 资	主讲课程
11020001	01	肖海	3408	数据结构
11020002	02	王岩盐	4390	数据结构
11020003	01	刘星魂	2450	C 语言
11020004	03	张月新	3200	操作系统
11020005	01	李明玉	4520	数据结构
11020006	02	孙民山	2976	操作系统
11020007	03	钱无名	2987	数据库
11020008	04	呼延军	3220	编译原理
11020009	03	王小龙	3980	数据结构
11020010	01	张国梁	2400	C 语言
11020011	04	林新月	1800	操作系统
11020012	01	乔小延	5400	网络技术
11020013	02	周兴池	3670	数据库
11020014	04	欧阳秀	3345	编译原理

"学院"表

系　　号	系　　名
01	计算机
02	通信
03	信息管理
04	教学

1．为"学院"表增加一个字段"教师人数"的 SQL 语句是_____。（2004 年 9 月）

A．CHANGE TABLE 学院 ADD 教师人数 I

B．ALTER STRU 学院 ADD 教师人数 I

C．ALTER TABLE 学院 ADD 教师人数 I

D．CHANGE TABLE 学院 INSERT 教师人数 I

2．将"欧阳秀"的工资增加 200 元的 SQL 语句是_____。（2004 年 9 月）

A．REPLACE 教师 WITH 工资＝工资+200 WHERE 姓名="欧阳秀"

B．UPDATE 教师 SET 工资＝工资+200 WHEN 姓名="欧阳秀"

C．UPDATE 教师 工资 WITH 工资+200 WHERE 姓名="欧阳秀"

D．UPDATE 教师 SET 工资＝工资+200 WHERE 姓名="欧阳秀"

3．有 SQL 语句"SELECT * FROM 教师 WHERE NOT(工资>3000 OR 工资<2000)"，与如上语句等价的 SQL 语句是_____。（2004 年 9 月）

A．SELECT * FROM 教师 WHERE 工资 BETWEEN 2000 AND 3000

B．SELECT * FROM 教师 WHERE 工资 >2000 AND 工资<3000

C．SELECT * FROM 教师 WHERE 工资>2000 OR 工资<3000

D．SELECT * FROM 教师 WHERE 工资<=2000 AND 工资>=3000

4．为"教师"表的职工号字段添加有效性规则：职工号的最左边三位字符是 110。正确的 SQL 语句是_____。（2004 年 9 月）

A．CHANGE TABLE 教师 ALTER 职工号 SET CHECK LEFT(职工号 3)="110"

B．ALTERT ABLE 教师 ALTER 职工号 SET CHECK LEFT(职工号 3)="110"

C．ALTER TABLE 教师 ALTER 职工号 CHECK LEFT(职工号 3)="110"

D．CHANGE TABLE 教师 ALTER 职工号 SET CHECK OCCURS(职工号 3)="110"

5．有 SQL 语句：

SELECT DISTINCT 系号 FROM 教师 WHERE 工资>=;

ALL (SELECT 工资 FROM 教师 WHERE 系号＝"02"

该语句的执行结果是系号_____。（2004 年 9 月）

A．"01"和"02"　　　　　　　　　B．"01"和"03"

C．"01"和"04"　　　　　　　　　D．"02"和"03"

6．建立一个视图 salary，该视图包括了系号和（该系的）平均工资两个字段，正确的 SQL 语句是_____。（2004 年 9 月）

A．CREATE VIEW salary AS 系号,SVG(工资) AS 平均工资;

　　FROM 教师 GROUP BY 系号

B．CREATE VIEW salary AS SELECT 系号,AVG(工资) AS 平均工资;

   FROM 教师 GROUP BY 系名

C．CREATE VIEW salary SELECT 系号,AVG(工资) AS 平均工资;

   FROM 教师 GROUP BY 系号

D．CREATE VIEW salary AS SELECT 系号,AVG(工资) AS 平均工资;

   FROM 教师 GROUP BY 系号

7．删除视图 salary 的命令是_____。（2004 年 9 月）

A．DROP salary VIEW

B．DROP VIEW salary

C．DELETE salary VIEW

D．DELETE salary

8．有 SQL 语句"SELECT 主讲课程,COUNT(*) FROM 教师 GROUP BY 主讲课程"，该语句执行结果含有记录的个数是_____。（2004 年 9 月）

A．3

B．4

C．5

D．6

9．有 SQL 语句：

SELECT COUNT(*) AS 人数,主讲课程 FROM 教师;

GROUP BY 主讲课程 ORDER BY 人数 DESC

该语句执行结果的第一条记录的内容是_____。（2004 年 9 月）

A．4 数据结构

B．3 操作系统

C．2 数据库

D．1 网络技术

10．有 SQL 语句：

SELECT 学院.系名,COUNT(*) AS 教师人数 FROM 教师,学院;

WHERE 教师.系号＝学院.系号 GROUP BY 学院.系名

与如上语句等价的 SQL 语句是_____。（2004 年 9 月）

A．SELECT 学院.系名,COUNT(*) AS 教师人数 FROM;

   教师 INNER JOIN 学院 教师.系号＝ 学院.系号 GROUP BY 学院.系名

B．SELECT 学院.系名,COUNT(*) AS 教师人数 FROM;

   教师 INNER JOIN 学院 ON 系号 GROUP BY 学院.系名

C．SELECT 学院.系名,COUNT(*) AS 教师人数 FROM;

   教师 INNER JOIN 学院 ON 教师.系号＝学院.系号 GROUP BY 学院.系名

D．SELECT 学院.系名,COUNT(*) AS 教师人数 FROM;

   教师 INNER JOIN 学院 ON 教师.系号 ＝ 学院.系号

11．有 SQL 语句：

SELECT DISTINCT 系号 FROM 教师 WHERE 工资>=ALL;

        (SELECT 工资 FROM 教师 WHERE 系号="02")

与如上语句等价的 SQL 语句是_____。（2004 年 9 月）

A．SELECT DISTINCT 系号 FROM 教师 WHERE 工资>=;

   (SELECT MAX(工资)FROM 教师 WHERE 系号="02")

B．SELECT DISTINCT 系号 FROM 教师 WHERE 工资>=;

   (SELECT MIN(工资)FROM 教师 WHERE 系号="02")

C．SELECT DISTINCT 系号 FROM 教师 WHERE 工资>=ANY;

(SELECT(工资)FROM 教师 WHERE 系号="02")

D. SELECT DISTINCT 系号 FROM 教师 WHERE 工资>=SOME;

(SELECT(工资)FROM 教师 WHERE 系号="02")

12~13 题使用如下 3 个数据库表。

学生表：S（学号,姓名,性别,出生日期,院系）

课程表：C（课程号,课程名,学时）

选课成绩表：SC(学号，课程号，成绩)

在上述表中，出生日期数据类型为日期型，学时和成绩为数值型，其他均为字符型。

12. 用 SQL 命令查询选修的每门课程的成绩都高于或等于 85 分的学生的学号和姓名，正确的命令是_____。（2005 年 4 月）

A. SELECT 学号,姓名 FROM S WHERE NOT EXISTS;

(SELECT * FROM SC WHERE SC.学号= S.学号 AND 成绩 ＜85)

B. SELECT 学号,姓名 FROM S WHERE NOT EXISTS;

(SELECT * FROM SC WHERE SC.学号= S.学号 AND >= 85)

C. SELECT 学号,姓名 FROM S,SC WHERE S.学号= SC.学号 AND 成绩 >= 85

D. SELECT 学号,姓名 FROM S,SC WHERE S.学号 = SC.学号 AND ALL 成绩 >= 85

13. 用 SQL 语言检索选修课程在 5 门以上（含 5 门）的学生的学号、姓名和平均成绩，并按平均成绩降序排列，正确的命令是_____。（2005 年 4 月）

A. SELECT S.学号,姓名,平均成绩 FROM S,SC WHERE S.学号= SC.学号;

GROUP BY S.学号 HAVING COUNT(*)>=5 ORDER BY 平均成绩 DESC

B. SELECT 学号,姓名,AVG(成绩) FROM S,SC WHERE S.学号= SC.学号;

AND COUNT(*)>=5 GROUP BY 学号 ORDER BY 3 DESC

C. SELECT S.学号,姓名,AVG(成绩) 平均成绩 FROM S,SC WHERE S.学号= SC.学号;

AND COUNT(*)>=5 GROUP BY S.学号 ORDER BY 平均成绩 DESC

D. SELECT S.学号,姓名,AVG(成绩) 平均成绩 FROM S,SC WHERE S.学号= SC.学号;

GROUP BY S.学号 HAVING COUNT(*)>=5 ORDER BY 3 DESC

14~18 题使用如下 3 个表。

职员.DBF：职员号 C（3）,姓名 C（6）,性别 C（2）,组号 N（1）,职务 C（10）

客户.DBF：客户号 C（4）,客户名 C（36）,地址 C（36）,所在城市 C（36）

订单.DBF：订单号 C（4）,客户号 C（4）,职员号 C（3）,签订日期 D,金额 N（6.2）

14. 查询金额最大的那 10%订单的信息。正确的 SQL 语句是_____。（2005 年 9 月）

A. SELECT * TOP 10 PERCENT FROM 订单

B. SELECT TOP 10% * FROM 订单 ORDER BY 金额

C. SELECT * TOP 10 PERCENT FROM 订单 ORDER BY 金额

D. SELECT TOP 10 PERCENT * FROM 订单 ORDER BY 金额 DESC

15. 显示没有签订任何订单的职员信息（职员号和姓名），正确的 SQL 语句是_____。（2005 年 9 月）

A. SELECT 职员.职员号,姓名 FROM 职员 JOIN 订单;

ON 订单.职员号=职员.职员号 GROUP BY 职员.职员号 HAVING COUNT(*)=0

B. SELECT 职员.职员号,姓名 FROM 职员 LEFT JOIN 订单;
   ON 订单.职员号=职员.职员号 GROUP BY 职员.职员号 HAVING COUNT(*)=0

C. SELECT 职员号,姓名 FROM 职员 WHERE 职员号 NOT IN;
   (SELECT 职员号 FROM 订单)

D. SELECT 职员.职员号,姓名 FROM 职员 WHERE 职员.职员号<>;
   (SELECT 订单.职员号 FROM 订单)

16. 有以下 SQL 语句:

SELECT 订单号,签订日期,金额 FROM 订单,职员;

WHERE 订单.职员号=职员.职员号 AND 姓名="李二"

与如上语句功能相同的 SQL 语句是_____。(2005 年 9 月)

A. SELECT 订单号,签订日期,金额 FROM 订单 WHERE EXISTS;
   (SELECT * FROM 职员 WHERE 姓名="李二")

B. SELECT 订单号,签订日期,金额 FROM 订单 WHERE EXISTS;
   (SELECT * FROM 职员 WHERE 职员号=订单.职员号 AND 姓名="李二")

C. SELECT 订单号,签订日期,金额 FROM 订单 WHERE IN;
   (SELECT 职员号 FROM 职员 WHERE 姓名="李二")

D. SELECT 订单号,签订日期,金额 FROM 订单 WHERE IN;
   (SELECT 职员号 FROM 职员 WHERE 职员号=订单.职员号 AND 姓名="李二")

17. 从订单表中删除客户号为"1001"的订单记录,正确的 SQL 语句是_____。(2005 年 9 月)

A. DROP FROM 订单 WHERE 客户号="1001"

B. DROP FROM 订单 FOR 客户号="1001"

C. DELETE FROM 订单 WHERE 客户号="1001"

D. DELETE FROM 订单 FOR 客户号="1001"

18. 将订单号为"0060"的订单金额改为 169 元,正确的 SQL 语句是_____。(2005 年 9 月)

A. UPDATE 订单 SET 金额=169 WHERE 订单号="0060"

B. UPDATE 订单 SET 金额 WITH 169 WHERE 订单号="0060"

C. UPDATE FROM 订单 SET 金额=169 WHERE 订单号="0060"

D. UPDATE FROM 订单 SET 金额 WITH 169 WHERE 订单号="0060"

19. "图书"表中有字符型字段"图书号"。要求用 SQL DELETE 命令将图书号以字母 A 开头的图书记录全部打上删除标记,正确的命令是_____。(2006 年 4 月)

A. DELETE FROM 图书 FOR 图书号 LIKE "A%"

B. DELETE FROM 图书 WHILE 图书号 LIKE "A%"

C. DELETE FROM 图书 WHERE 图书号= "A*"

D. DELETE FROM 图书 WHERE 图书号 LIKE "A%"

20. 要使"产品"表中所有产品的单价上浮 8%,正确的 SQL 命令是_____。(2006 年 4 月)

A. UPDATE 产品 SET 单价=单价+单价*8% FOR ALL

B. UPDATE 产品 SET 单价=单价*1.08 FOR ALL

C. UPDATE 产品 SET 单价=单价+单价*8%

D. UPDATE 产品 SET 单价=单价*1.08

21. 假设同一名称的产品有不同的型号和产地，则计算每种产品平均单价的 SQL 语句是____。(2006 年 4 月)

A. SELECT 产品名称,AVG(单价) FROM 产品 GROUP BY 单价

B. SELECT 产品名称,AVG(单价) FROM 产品 ORDER BY 单价

C. SELECT 产品名称,AVG(单价) FROM 产品 ORDER BY 产品名称

D. SELECT 产品名称,AVG(单价) FROM 产品 GROUP BY 产品名称

22. 在 Visual FoxPro 中，如果要将学生表 S(学号，姓名，性别，年龄)中的"年龄"属性删除，正确的 SQL 命令是____。(2007 年 4 月)

A. ALTER TABLE S DROP COLUMN 年龄

B. DELETE 年龄 FROM S

C. ALTER TABLE S DELETE COLUMN 年龄

D. ALTER TABLE S DELETE 年龄

23. 设有学生表 S(学号，姓名，性别，年龄)，查询所有年龄小于等于 18 岁的女同学，并按年龄进行降序生成新的表 WS，正确的 SQL 命令是____。(2007 年 4 月)

A. SELECT * FROM S WHERE 性别="女" AND 年龄<=18;

　　ORDER BY 4 DESC INTO TABLE WS

B. SELECT * FROM S WHERE 性别="女" AND 年龄<=18;

　　ORDER BY 年龄 INTO TABLE WS

C. SELECT * FROM S WHERE 性别="女" AND 年龄<=18;

　　ORDER BY "年龄" DESC INTO TABLE WS

D. SELECT * FROM S WHERE 性别="女" OR 年龄<=18;

　　ORDER BY "年龄" ASC INTO TABLE WS

24. 设学生表 S(学号,姓名,性别,年龄), 课程表 C(课程号,课程名,学分)和学生选课表 SC(学号,课程号,成绩), 检索学号、姓名和学生所选课程名及成绩,正确的 SQL 命令是____。(2007 年 4 月)

A. SELECT 学号,姓名,课程名,成绩 FROM S,SC,C;

　　WHERE S.学号 =SC.学号 AND SC.学号=C.学号

B. SELECT 学号,姓名,课程名,成绩 FROM;

　　(S JOIN SC ON S.学号=SC.学号)JOIN C ON SC.课程号 =C.课程号

C. SELECT S.学号,姓名,课程名,成绩 FROM;

　　S JOIN SC JOIN C ON S.学号=SC.学号 ON SC.课程号 =C.课程号

D. SELECT S.学号,姓名,课程名,成绩 FROM;

　　S JOIN SC JOIN C ON SC.课程号=C.课程号 ON S.学号 =SC.学号

25～27 题使用如下两个表。

学生.DBF：学号（C,8）,姓名（C,6）,性别（C,2）,出生日期（D）

选课.DBF：学号（C,8）,课程号（C,3）,成绩（N,5,1）

25. 计算刘明同学选修所有课程的平均成绩,正确的 SQL 语句是＿＿＿＿＿。（2007 年 9 月）

A. SELECT AVG(成绩) FROM 选课 WHERE 姓名="刘明"

B. SELECT AVG(成绩) FROM 学生,选课 WHERE 姓名="刘明"

C. SELECT AVG(成绩) FROM 学生,选课 WHERE 学生.姓名="刘明"

D. SELECT AVG(成绩) FROM 学生,选课;
     WHERE 学生.学号=选课.学号 AND 姓名="刘明"

26. 假定学号的第 3、4 位为专业代码。要计算各专业学生选修课程号为"101"课程的平均成绩,正确的 SQL 语句是＿＿＿＿＿。（2007 年 9 月）

A. SELECT 专业 AS SUBS(学号,3,2),平均分 AS AVG(成绩) FROM 选课;
     WHERE 课程号="101" GROUP BY 专业

B. SELECT SUBS(学号,3,2) AS 专业, AVG(成绩) AS 平均分 FROM 选课;
     WHERE 课程号="101" GROUP BY 1

C. SELECT SUBS(学号,3,2) AS 专业, AVG(成绩) AS 平均分 FROM 选课;
     WHERE 课程号="101" ORDER BY 专业

D. SELECT 专业 AS SUBS(学号,3,2),平均分 AS AVG(成绩) FROM 选;课;
     WHERE 课程号="101" ORDER BY 1

27. 查询选修课程号为"101"课程得分最高的同学,正确的 SQL 语句是＿＿＿＿＿。（2007 年 9 月）

A. SELECT 学生.学号,姓名 FROM 学生,选课 WHERE 学生.学号=选课.学号 AND;
     课程号="101" AND 成绩>=ALL（SELECT 成绩 FROM 选课）

B. SELECT 学生.学号,姓名 FROM 学生,选课 WHERE 学生.学号=选课.学号 AND;
     成绩>=ALL（SELECT 成绩 FROM 选课 WHERE 课程号="101"）

C. SELECT 学生.学号,姓名 FROM 学生,选课 WHERE 学生.学号=选课.学号 AND;
     成绩>=ANY（SELECT 成绩 FROM 选课 WHERE 课程号="101"）

D. SELECT 学生.学号,姓名 FROM 学生,选课 WHERE 学生.学号=选课.学号 AND;
     课程号="101"AND 成绩>=ALL;
     （SELECT 成绩 FROM 选课 WHERE 课程号="101"）

28～30 题使用如下 4 个表。

客户(客户号,名称,联系人,邮政编码,电话号码)

产品(产品号,名称,规格说明,单价)

订购单(订单号,客户号,订购日期)

订购单名细(订单号,序号,产品号,数量)

28. 查询尚未最后确定订购单的有关信息的正确命令是＿＿＿＿＿。（2008 年 9 月）

A. SELECT 名称,联系人,电话号码,订单号 FROM 客户,订购单;
     WHERE 客户.客户号=订购单.客户号 AND 订购日期 IS NULL

B. SELECT 名称,联系人,电话号码,订单号 FROM 客户,订购单;
     WHERE 客户.客户号=订购单.客户号 AND 订购日期 = NULL

C. SELECT 名称,联系人,电话号码,订单号 FROM 客户,订购单;
     FOR 客户.客户号=订购单.客户号 AND 订购日期 IS NULL

D. SELECT 名称,联系人,电话号码,订单号 FROM 客户,订购单;

FOR 客户.客户号=订购单.客户号 AND 订购日期 = NULL

29. 查询订购单的数量和所有订购单平均金额的正确命令是_____。(2008 年 9 月)

A. SELECT COUNT(DISTINCT 订单号),AVG(数量*单价);

FROM 产品 JOIN 订购单名细 ON 产品.产品号=订购单名细.产品号

B. SELECT COUNT(订单号),AVG(数量*单价);

FROM 产品 JOIN 订购单名细 ON 产品.产品号=订购单名细.产品号

C. SELECT COUNT(DISTINCT 订单号),AVG(数量*单价);

FROM 产品,订购单名细 ON 产品.产品号=订购单名细.产品号

D. SELECT COUNT(订单号),AVG(数量*单价);

FROM 产品,订购单名细 ON 产品.产品号=订购单名细.产品号

30. 假设客户表中有客户号(关键字)C1~C10 共 10 条客户记录,订购单表有订单号(关键字)OR1~OR8 共 8 条订购单记录,并且订购单表参照客户表。如下命令可以正确执行的是_____。(2008 年 9 月)

A. INSERT INTO 订购单 VALUES('OR5','C5',{^2008/10/10})

B. INSERT INTO 订购单 VALUES('OR5','C11',{^2008/10/10})

C. INSERT INTO 订购单 VALUES('OR9','C11',{^2008/10/10})

D. INSERT INTO 订购单 VALUES('OR9','C5',{^2008/10/10})

31. 查询选修 C2 课程号的学生姓名,下列 SQL 语句中错误的是_____。(2009 年 3 月)

A. SELECT 姓名 FROM S WHERE EXISTS;

(SELECT * FROM SC WHERE 学号=S.学号 AND 课程号= 'C2')

B. SELECT 姓名 FROM S WHERE 学号 IN;

(SELECT * FROM SC WHERE 课程号= 'C2')

C. SELECT 姓名 FROM S JOIN ON S.学号=SC.学号 WHERE 课程号= 'C2'

D. SELECT 姓名 FROM S WHERE 学号= (SELECT * FROM SC WHERE 课程号= 'C2')

32. "教师表"中有"职工号"、"姓名"和"工龄"字段,其中"职工号"为主关键字,建立"教师表"的 SQL 命令是_____。(2009 年 9 月)

A. CREATE TABLE 教师表(职工号 C(10) PRIMARY,姓名 C(20),工龄 I)

B. CREATE TABLE 教师表(职工号 C(10) POREING,姓名 C(20),工龄 I)

C. CREATE TABLE 教师表(职工号 C(10) POREING KEY,姓名 C(20),工龄 I)

D. CREATE TABLE 教师表(职工号 C(10) PRIMARY KEY,姓名 C(20),工龄 I)

33. "教师表"中有"职工号"、"姓名"、"工龄"和"系号"等字段,"学院表"中有"系名"和"系号"等字段,求教师总数最多的系的教师人数,正确的命令序列是_____。(2009 年 9 月)

A. SELECT 教师表.系号, COUNT(*) AS 人数 FROM 教师表,学院表;

GROUP BY 教师表.系号 INTO DBF TEMP

SELECT MAX(人数) FROM TEMP

B. SELECT 教师表.系号, COUNT(*) FROM 教师表,学院表;

WHERE 教师表.系号=学院表.系号 GROUP BY 教师表.系号 INTO DBF TEMP

SELECT MAX(人数) FROM TEMP

    C. SELECT 教师表.系号, COUNT(*) AS 人数 FROM 教师表,学院表;

       WHERE 教师表.系号=学院表.系号 GROUP BY 教师表.系号 INTO FILE TEMP

       SELECT MAX(人数) FROM TEMP

    D. SELECT 教师表.系号, COUNT(*) AS 人数 FROM 教师表,学院表;

       WHERE 教师表.系号=学院表.系号 GROUP BY 教师表.系号 INTO DBF TEMP

       SELECT MAX(人数) FROM TEMP

34．在 Visual FoxPro 中，以下关于删除记录的描述中正确的是_____。（2005 年 4 月）

A．SQL 的 DELETE 命令在删除数据库表中的记录之前，不需要用 USE 命令打开表

B．SQL 的 DELETE 命令和传统 Visual FoxPro 的 DELETE 命令在删除数据库表中的记录之前，都需要用 USE 命令打开表

C．SQL 的 DELETE 命令可以物理删除数据库表中的记录，而传统 Visual FoxPro 的 DELETE 命令只能逻辑删除数据库表中的记录

D．传统 Visual FoxPro 的 DELETE 命令在删除数据库表中的记录之前不需要用 USE 命令打开表

35．在 Visual FoxPro 中，删除数据库表 S 的 SQL 命令是_____。（2005 年 4 月）

A．DROP TABLE S   B．DELETE TABLE S

C．DELETE TABLE S.DBF   D．ERASE TABLE S

36．使用 SQL 语句向学生表 S(SNO,SN,AGE,SEX)中添加一条新记录，字段学号（SNO）、姓名（SN）、性别（SEX）、年龄（AGE）的值分别为 0401、王芳、女、18，正确的命令是_____。（2005 年 4 月）

A．APPEND INTO S (SNO,SN,SEX,AGE)VALUES("0401","王芳","女",18)

B．APPEND S VALUES("0401","王芳",18,"女")

C．INSERT INTO S(SNO,SN,SEX,AGE)VALUES("0401","王芳","女",18)

D．INSERT S VALUES("0401","王芳",18,"女")

37．在 Visual FoxPro 中，以下有关 SQL 的 SELECT 语句的叙述中错误的是_____。（2005 年 4 月）

A．SELECT 子句中可以包含表中的列和表达式

B．SELECT 子句中可以使用别名

C．SELECT 子句规定了结果集中的列顺序

D．SELECT 子句中列的顺序应该与表中列的顺序一致

38．下列关于 SQL 中 HAVING 子句的描述错误的是_____。（2005 年 4 月）

A．HAVING 子句必须与 GROUP BY 子句同时使用

B．HAVING 子句与 GROUP BY 子句无关

C．使用 WHERE 子句的同时可以使用 HAVING 子句

D．使用 HAVING 子句的作用是限定分组的条件

39．在 SQL SELECT 语句中与 INTO TABLE 等价的短语是_____。（2008 年 9 月）

A．INTO DBF   B．TO TABLE

C．TO FOEM   D．INTO FILE

40. 若 SQL 语句中的 ORDER BY 短语中指定了多个字段，则_____。（2009 年 9 月）

A. 依次按自右至左的字段顺序排序　　　B. 只按第一个字段排序

C. 依次按自左至右的字段顺序排序　　　D. 无法排序

4.3.2　填空题

1～3 题使用如下 3 个数据库表。

金牌榜.DBF：　　　　　　国家代码 C(3)　金牌数 I　　　　　　银牌数 I　　　　　铜牌数 I

获奖牌情况.DBF：　　　　国家代码 C(3)　运动员名称 C(20)　项目名称 C(30)　名次 I

国家.DBF：　　　　　　　国家代码 C(3)　国家名称 C(20)

"金牌榜" 表中一个国家一条记录："获奖牌情况" 表中每个项目中的各个名次都有一条记录，名次只取前 3 名，例如：

国家代码	运动员名称	项目名称	名次
001	刘翔	男子 110 米栏	1
001	李小鹏	男子双杠	3
002	非尔普斯	游泳男子 200 米自由泳	3
002	非尔普斯	游泳男子 400 米个人混合泳	1
001	郭晶晶	女子三米板跳板	1
001	李婷/孙甜甜	网球女子双打	1

1. 为表 "金牌榜" 增加一个字段 "奖牌总数"，同时为该字段设置有效性规则：奖牌总数>=0。应使用 SQL 语句：

ALTER TABLE 金牌榜____　奖牌总数 I____奖牌总数>=0（2005 年 4 月）

2. 使用 "获奖牌情况" 和 "国家" 两个表查询 "中国" 所获金牌（名次为 1）的数量，应使用 SQL 语句：

SELECT COUNT(*) FROM　国家　INNER JOIN　获奖牌情况；

____　国家.国家代码 = 获奖牌情况.国家代码；

　　　WHERE　国家.国家名称 ="中国" AND　名次 = 1（2005 年 4 月）

3. 将金牌榜.DBF 中新增加的字段奖牌总数设置为金牌数、银牌数及铜牌数 3 项的和，应使用 SQL 语句：

____金牌榜____奖牌总数= 金牌数+银牌数+铜牌数（2005 年 4 月）

4. 在 Visual FoxPro 中，使用 SQL 的 SELECT 语句将查询结果存储在一个临时表中，应该使用____子句。（2005 年 9 月）

5. 在 Visual FoxPro 中，使用 SQL 的 CREATE TABLE 语句建立数据库表时，使用 ____子句说明主索引。（2005 年 9 月）

6. 在 SQL 的 SELECT 语句进行分组计算查询时，可以使用 ____ 子句来去掉不满足条件的分组。（2005 年 9 月）

7. 设有 S(学号,姓名,性别)和 SC(学号,课程号,成绩)两个表，下面 SQL 的 SELECT 语句检索选修的每门课程的成绩都高于或等于 85 分的学生的学号、姓名和性别。

SELECT 学号, 姓名, 性别 FROM S；

WHERE_____(SELECT * FROM SC WHERE SC.学号 = S.学号 AND 成绩 < 85)

8．SQL 支持集合的并运算，运算符是 ____ 。（2006 年 4 月）

9．如下命令将"产品"表的"名称"字段名修改为"产品名称"：

ALTER TABLE 产品 RENAME____ 名称 TO 产品名称。（2006 年 9 月）

10．"歌手"表中有"歌手号"、"姓名"和"最后得分"3 个字段，"最后得分"越高名次越靠前，查询前 10 名歌手的 SQL 语句是：

SELECT * ____ FROM 歌手 ORDER BY 最后得分____ 。（2007 年 4 月）

11．已有"歌手"表，将该表中的"歌手号"字段定义为候选索引，索引名是 temp，正确的 SQL 语句是：

____ TABLE 歌手 ADD UNIQUE 歌手号 TAG temp（2007 年 4 月）

12．如下命令查询雇员表中"部门号"字段为空值的记录：

SELECT * FROM 雇员 WHERE 部门号____ 。（2007 年 9 月）

13．在 SQL 的 SELECT 查询中，HAVING 字句不可以单独使用，总是跟在____子句之后一起使用。（2007 年 9 月）

14．在 SQL 的 SELECT 查询时，使用____子句实现消除查询结果中的重复记录。（2007 年 9 月）

15．在 SQL 的 WHERE 子句的条件表达式中，字符串匹配（模糊查询）的运算符是____。（2008 年 4 月）

16．SELECT * FROM student____FILE student 命令将查询结果存储在 student.txt 文本文件中。（2008 年 9 月）

17．设有 SC(学号,课程号,成绩)表，下面 SQL 的 SELECT 语句检索成绩高于或等于平均成绩的学生的学号。

SELECT 学号 FROM sc WHERE 成绩>=(SELECT_____ FROM sc)（2009 年 3 月）

18．____TABLE 成绩 ALTER 总分____总分>=0 AND 总分<=750（2009 年 9 月）

4.4 测试题答案

选择题答案

1．C　2．D　3．A　4．B　5．A　6．D　7．B　8．D　9．A　10．C

11．A　12．A　13．D　14．D　15．C　16．B　17．C　18．A　19．D　20．D

21．D　22．A　23．A　24．D　25．D　26．P　27．C　28．A　29．A　30．C

31．D　32．D　33．D　34．A　35．A　36．C　37．D　38．B　39．A　40．C

填空题答案

1．ADD　CHECK　　　　　　2．ON

3．UPDATE　SET　　　　　　4．INTO CURSOR

5．PRIMARY KEY　　　　　　6．HAVING

7．NOT EXISTS　　　　　　　8．UNION

9. COLUMN

10. TOP 10　DESC

11. ALTER

12. IS NULL

13. GROUP BY

14. DISTINCT

15. LIKE

16. TO

17. AVG(成绩)

18. ALTER　SET CHECK

第5章　查询与视图

5.1　知识要点

1．查询与视图的基本概念。
2．查询文件的建立、执行和修改的方法。
3．视图文件的建立、执行和修改的方法。
4．查询与视图的区别。

5.2　典型试题与解析

5.2.1　选择题

【例1】以下关于查询描述正确的是_____。（2004年4月）
A．不能根据自由表建立查询　　　　　B．只能根据自由表建立查询
C．只能根据数据库表建立查询　　　　D．可以根据数据库表和自由表建立查询
　解析：查询的数据源可以是一张或多张相关联的自由表、数据库表或视图。
　答案：D
【例2】在Visual FoxPro中，有关查询设计器正确的描述是_____。（2004年9月）
A．"联接"选项卡与SQL语句的GROUP BY 短语对应
B．"筛选"选项卡与SQL语句的HAVING 短语对应
C．"排序依据"选项卡与SQL语句的ORDER BY 短语对应
D．"分组依据"选项卡与SQL语句的JOIN ON 短语对应
　解析："联接"选项卡用于指定各数据表或视图之间的联接关系，对应于JOIN ON短语；"筛选"选项卡用于指定查询条件，对应于WHERE短语；"排序依据"选项卡用于指定查询结果中记录的排列顺序，对应ORDER BY短语；"分组依据"选项卡对应于GROUP BY短语和HAVING短语。
　答案：C
【例3】在Visual FoxPro中，关于查询和视图的正确描述是_____。（2005年4月）
A．查询是一个预先定义好的SQL SELECT 语句文件
B．视图是一个预先定义好的SQL SELECT 语句文件
C．查询和视图都是同一种文件，只是名称不同
D．查询和视图都是一个存储数据的表
　解析：查询可看作是一个预先定义好的SQL SELECT 语句文件，其本身并不存储数据；

视图可看作是由基本表派生出来的"虚拟表",本身并不存储数据。

答案：A

【例4】在 Visual FoxPro 中，以下关于视图描述中错误的是_____。（2005 年 4 月）

A．通过视图可以对表进行查询　　　B．通过视图可以对表进行更新

C．视图是一个虚拟表　　　　　　　D．视图就是一种查询

解析：视图可看作是由基本表派生出来的虚拟表，利用视图可对表进行查询并进行更新。视图和查询都是 Visual FoxPro 提供的检索数据的工具，二者有相似之处，但不完全相同。

答案：D

【例5】在 Visual FoxPro 中，要运行查询文件 query1.qpr，可以使用命令_____。（2005 年 9 月）

A．DO query1　　　　　　　　　　B．DO query1.qpr

C．DO QUERY query1　　　　　　　D．RUN query1

解析：可以使用命令方式执行查询，命令格式是 DO <查询文件名.QPR>，必须给出查询文件的扩展名.QPR。

答案：B

【例6】以下关于视图的描述正确的是_____。（2005 年 9 月）

A．视图保存在项目文件中　　　　　B．视图保存在数据库文件中

C．视图保存在表文件中　　　　　　D．视图保存在视图文件中

解析：视图保存在数据库文件中。

答案：B

【例7】在 Visual FoxPro 中，以下叙述正确的是_____。（2006 年 4 月）

A．利用视图可以修改数据　　　　　B．利用查询可以修改数据

C．查询和视图具有相同的作用　　　D．视图可以定义输出去向

解析：查询和视图既有相似之处，又各有特点：利用查询可检索数据，并可定义输出去向；利用视图可检索数据，还可以修改数据。

答案：A

【例8】以下关于"查询"的描述正确的是_____。（2006 年 4 月）

A．查询保存在项目文件中　　　　　B．查询保存在数据库文件中

C．查询保存在表文件中　　　　　　D．查询保存在查询文件中

解析：查询保存在查询文件中。

答案：D

5.2.2　填空题

【例1】Visual FoxPro 的查询设计器中，_____选项卡对应的 SQL 短语是 WHERE。（2004 年 9 月）

解析：查询设计器中"筛选"选项卡用来指定查询条件，对应于 SQL 语句的 WHERE 短语。

答案：筛选

【例2】查询设计器的"排序依据"选项卡对应于 SQL SELECT 语句的_____短语。（2006 年 4 月）

解析：查询设计器中的"排序依据"选项卡用于指定查询结果中记录的排列顺序，对应于 SQL 语句的 ORDER BY 短语。

答案：ORDER BY

【例 3】在 Visual FoxPro 中，视图可以分为本地视图和_____视图。（2006 年 9 月）

解析：在 Visual FoxPro 中，视图可以分为本地视图和远程视图。

答案：远程

【例 4】在 Visual FoxPro 中，为了通过视图修改基本表中的数据，需要在视图设计器的_____选项卡设置有关属性。（2006 年 9 月）

解析：在视图设计器的"更新条件"选项卡中，可以设定数据更新的条件和方法。

答案：更新条件

5.3 测试题

5.3.1 选择题

1．如果要在屏幕上直接看到查询结果，"查询去向"应选择_____。

A．屏幕　　　　　　B．浏览　　　　　C．浏览或屏幕　　　　D．临时表

2．在查询设计器的"字段"选项卡中设置字段时，如果将"可用字段"框中的所有字段一次移到"选定字段"框中，可单击_____按钮。

A．添加　　　　　B．全部添加　　　　C．移去　　　　　D．全部移去

3．在查询设计器环境中，"查询"菜单下的"查询去向"命令指定了查询结果的输出去向，输出去向不包括_____。

A．屏幕　　　　　B．浏览　　　　　C．表　　　　　D．文本文件

4．查询设计器和视图设计器的主要不同表现在_____。

A．查询设计器有"更新条件"选项卡，没有"查询去向"选项

B．查询设计器没有"更新条件"选项卡，有"查询去向"选项

C．视图设计器没有"更新条件"选项卡，有"查询去向"选项

D．视图设计器有"更新条件"选项卡，也有"查询去向"选项

5．查询设计器中的"筛选"选项卡用来_____。

A．编辑联接条件　　　　　　　　B．指定查询条件

C．指定排序属性　　　　　　　　D．指定是否要重复记录

6．查询设计器中的"杂项"选项卡用于_____。

A．编辑联接条件

B．指定是否要重复记录及列在前面的记录等

C．指定查询条件

D．指定要查询的数据

7．查询设计器中的选项卡依次为_____。

A．字段、联接、筛选、排序依据、分组依据

B．字段、联接、排序依据、分组依据、杂项

C. 字段、联接、筛选、排序依据、分组依据、更新条件、杂项

D. 字段、联接、筛选、排序依据、分组依据、杂项

8. 查询设计器中的选项卡中没有_____。

A. 字段　　　　　　B. 杂项　　　　C. 筛选　　　　D. 分类

9. 下列创建查询文件的方法中，不正确的一项是_____。

A. 单击"文件"→"新建"命令，选择"查询"并单击"新建文件"按钮

B. 执行 CREATE QUERY 命令打开查询设计器创建查询

C. 用 MODIFY QUERY 命令打开一个已有的查询文件

D. 执行 OPEN QUERY 命令打开查询设计器创建查询

10. 下列关于查询的说法不正确的一项是_____。

A. 查询是 Visual FoxPro 支持的一种数据库对象

B. 查询就是预先定义好的一个 SQL SELECT 语句

C. 查询是从指定的表中提取满足条件的记录，然后按照想得到的输出类型定向输出查询结果

D. 查询就是一种表文件

11. 下列关于查询的说法正确的一项是_____。

A. 查询文件的扩展名为.qpx

B. 不能基于自由表创建查询

C. 根据数据库表、自由表或视图可以建立查询

D. 不能基于视图创建查询

12. 下列关于查询的说法中错误的是_____。

A. 利用查询设计器可以查询表的内容

B. 利用查询设计器不能完成数据的统计运算

C. 利用查询设计器可以进行有关表数据的统计运算

D. 查询设计器的查询去向可以是图形

13. 在 Visual FoxPro 中，查询文件的扩展名为_____。

A. .QPR　　　　　B. .FMT　　　　C. .FPT　　　　D. .LBT

14. 在 Visual Foxpro 中，当一个查询基于多个表时，要求表_____。

A. 之间不需要有联系　　　　　B. 之间必须是有联系的

C. 之间一定不要有联系　　　　D. 之间可以有联系可以没联系

15. 在 Visual FoxPro 中，简单查询基于_____。

A. 单个表　　　　　　　　　　B. 两个表

C. 两个有关联的表　　　　　　D. 多个表

16. 在查询设计器中，用于编辑联接条件的选项卡是_____。

A. 字段　　　　　B. 联接　　　　C. 筛选　　　　D. 排序依据

17. 在查询设计器中可以定义的"查询去向"默认为_____。

A. 浏览　　　　　B. 图形　　　　C. 临时表　　　　D. 标签

18. 只有满足连接条件的记录才包含在查询结果中，这种连接为_____。

A. 左连接　　　　B. 右连接　　　　C. 内部连接　　　D. 完全连接

19. 修改本地视图使用的命令是_____。

A. CREATE SQL VIEW   B. MODIFY VIEW

C. RENAME VIEW   D. DELETE VIEW

5.3.2 填空题

1. 查询设计器的_____选项卡对应于 SQL 的 GROUP BY 短语和 HAVING 短语。

2. 查询中的分组依据是将记录分组，每个组生成查询结果中的_____条记录。

3. 利用查询设计器进行修改查询的命令是_____。

4. 视图设计器和查询设计器的界面很相像，其中_____选项卡是视图设计器中的选项卡，在查询设计器中没有。

5. 执行_____命令可以创建查询。

6. 视图可以在数据库设计器中打开，也可以用 USE 命令打开，但在使用 USE 命令打开视图之前，必须打开包含该视图的_____。

7. 由多个本地数据表创建的视图称为_____。

8. 删除视图 MyView 的命令是_____。

5.4 测试题答案

选择题答案

1. C   2. B   3. D   4. B   5. B   6. B   7. D   8. D   9. D   10. D

11. C   12. B   13. A   14. B   15. A   16. B   17. A   18. C   19. B

填空题答案

1. 分组依据   2. 1

3. MODIFY QUERY   4. 更新条件

5. CREATE QUERY   6. 数据库

7. 本地视图   8. DELETE VIEW MyView 或 DROP VIEW MyView

第6章 程序设计基础

6.1 知识要点

1. 程序的建立、调试和运行。
2. 顺序结构、选择结构和循环结构的程序设计。
3. 过程及过程文件。
4. 过程调用中的参数传递。
5. 变量的作用域。

6.2 典型试题与解析

6.2.1 选择题

【例1】要想运行已经写好的 Visual Foxpro 程序，可以使用的命令是_____。

A. 在命令窗口中利用 DO 命令实现

B. 选择"程序"→"运行"命令，在文件列表中选择要运行的程序

C. 打开"项目管理器"，选择要运行的文件，单击"运行"按钮

D. 以上三者都可以

答案： D

【例2】下列能够退出 Visual Foxpro 系统，返回到操作系统的命令是_____。

A. DO   B. RETURN   C. CANCEL   D. QUIT

解析： DO 命令表示调用另一个程序或过程去执行；RETURN 命令表示结束当前程序的执行，返回到调用它的上级程序，如果没有上级程序则返回到命令窗口；CANCEL 命令表示终止程序运行，清除所有私有变量，返回到命令窗口；QUIT 命令可以退出 Visual Foxpro 系统，返回到操作系统。

答案： D

【例3】如果在命令窗口执行命令 LIST 名称，主窗口中显示：

记录号	名称
1	电视机
2	计算机
3	电话线
4	电冰箱
5	电线

假定名称字段为字符型，宽度为6，下面程序段的输出结果是_____。（2006年4月）

```
GO 2
SCAN NEXT 4 FOR LEFT(名称,2)="电"
    IF RIGHT(名称,2)="线"
        EXIT
    ENDIF
ENDSCAN
?名称
```

A．电话线　　　　　　B．电线　　　　　　C．电冰箱　　　　D．电视机

解析：SCAN 循环执行到第 3 条记录时，RIGHT(名称,2)="线"成立，跳出循环，输出名称"电话线"。

答案：A

【**例4**】如果在命令窗口输入并执行命令 LIST 名称，在主窗口中显示：

记录号	名称
1	电视机
2	计算机
3	电话线
4	电冰箱
5	电线

假定名称字段为字符型，宽度为6，下面程序段的输出结果是_____。（2005年9月）

```
GO 2
SCAN  NEXT 4 FOR LEFT(名称,2)="电"
    IF RIGHT(名称,2)="线"
        LOOP
    ENDIF
    ??名称
ENDSCAN
```

A．电话线　　　　　　B．电冰箱　　　　　C．电冰箱电线　　　D．电视机电冰箱

解析：SCAN 循环过程为：第 2 条记录不满足 LEFT(名称,2)="电"的条件，故判断下一条记录；第 3 条记录，RIGHT(名称,2)="线"成立，返回到循环开始位置，继续对下一条记录判断；第 4 条记录满足 LEFT(名称,2)="电"的条件，但不满足 RIGHT(名称,2)="线"，故输出该条记录。对于第 5 条记录，注意字段的宽度为 6，所以不满足 RIGHT(名称,2)="线"的条件，继续输出该记录。

答案：C

【**例5**】下列程序段的输出结果是_____。（2005年9月）

```
ACCEPT TO a
IF a=[123456]
s=0
ENDIF
```

```
s=1
?s
RETURN
```

A. 0　　　　　　　B. 1　　　　　　　C. 由 A 的值决定　　　D. 程序出错

解析：本程序中，无论用户输入的数据是什么，ENDIF 后的语句 s=1 都将执行，所以变量 s 的值必然为 1。

答案：B

【例6】在 Visual FoxPro 中，有如下程序，函数 IIF() 的返回值是_____。（2009 年 4 月）

****程序

```
PRIVATE x,y
STORE "男" TO x
y=LEN(x)+2
?IIF(y<4, "男", "女")
RETURN
```

A. "女"　　　　　B. "男"　　　　　C. .T.　　　　　　D. .F.

解析：IIF() 函数的格式为 IIF(<条件>,<表达式1>,<表达式2>)，如果<条件>的值为.T.，则函数的返回值为<表达式1>，否则，函数的返回值为<表达式2>。本例中，表达式 y=LEN(x)+2 的值为 4，故函数 IIF(y<4, "男", "女") 的返回值为 "女"。

答案：A

【例7】在 DO WHILE … ENDDO 循环结构中，EXIT 命令的作用是_____。（2003 年 9 月）

A. 退出过程，返回程序开始处

B. 转移到 DO WHILE 语句行，开始下一个判断和循环

C. 终止循环，将控制转移到本循环结构 ENDDO 后面的第一条语句继续执行

D. 终止程序执行

解析：EXIT 语句的功能是：结束循环体的执行，直接跳到循环结构后的语句执行，在本题中，则跳到 ENDDO 后面的语句执行。

答案：C

【例8】下列程序的运行结果是_____。（2008 年 4 月）

```
SET EXACT ON
s="ni"+SPACE(2)
IF s=="ni"
    IF s="ni"
        ?"one"
    ELSE
        ?"two"
    ENDIF
ELSE
    IF s="ni"
        ?"three"
```

```
        ELSE
            ?"four"
        ENDIF
    ENDIF
RETURN
```

A. one   B. two   C. three   D. four

解析：SET EXACT ON 命令设置 "=" 的比较规则，在进行比较之前，在较短的字符尾部加空格，使之和较长的字符串长度相同，再进行比较。本例中执行 s="ni"+space(2) 语句后，s 的值为"ni"，故表达式 s=="ni"不成立，而 s="ni"则由于 SET EXACT ON 的设置而成立。

答案：C

【例9】下列程序段执行以后，内存变量 y 的值是_____。（2008 年 4 月）

```
CLEAR
x=12345
y=0
DO WHILE x>0
y=y+x%10
x=INT(x/10)
ENDDO
?y
```

A. 54321   B. 12345   C. 51   D. 15

解析：循环体内两条语句使变量 y 和 x 的值按如下规律变化：

```
y=0+5=5        x=1234
y=5+4=9        x=123
y=9+3=12       x=12
y=12+2=14      x=1
y=14+1=15      x=0
```

答案：D

【例10】下列程序执行以后，内存变量 y 的值是_____。（2006 年 9 月）

```
x=34567
y=0
DO WHILE x＞0
y=x%10+y*10
x=INT(x/10)
ENDDO
```

A. 3456   B. 34567   C. 7654   D. 76543

解析：循环体内两条语句使变量 y 和 x 的值按如下规律变化：

```
y=7            x=3456
y=76           x=345
y=765          x=34
```

```
y=7654        x=3
y=76543       x=0
```

答案： D

【例 11】 设有如下程序：

```
CLEAR
a=30
b=36
DO WHILE b>=a
    b=b-1
    ?a,b
ENDDO
```

执行该程序时，要执行_____次循环。

A．6   B．7   C．30   D．36

解析： 循环条件 b>=a 为真时执行一次循环体，为假时循环结束。循环执行过程如下：

```
第 1 次执行循环体后：a=30，b=35
第 2 次执行循环体后：a=30，b=34
第 3 次执行循环体后：a=30，b=33
第 4 次执行循环体后：a=30，b=32
第 5 次执行循环体后：a=30，b=31
第 6 次执行循环体后：a=30，b=30
第 7 次执行循环体后：a=30，b=29
```

此时，循环条件 b>=a 的值为假，循环结束。

答案： B

【例 12】 下面程序计算一个整数的各位数字之和。在下画线处应填写的语句是_____。
（2007 年 9 月）

```
SET TALK OFF
INPUT "x=" TO x
s=0
DO WHILE x!=0
s=s+MOD(x,10)
_____
ENDDO
?s
SET TALK ON
```

A．x=INT(x/10)   B．x= INT (x%10)

C．x=x- INT (x/10)   D．x=x- INT (x%10)

解析： 函数 MOD(x,10)取出整数 x 的个位数字，欲求整数 x 的各位数之和，只需每次循环时将 x 去掉个位数（即最后一位）变成一个新的整数即可。

答案： A

【例 13】下列程序段执行时在屏幕上显示的结果是_____。（2009 年 9 月）

```
DIME a(6)
a(1)=1
a(2)=1
FOR i=3 TO 6
a(i)=a(i-1)+a(i-2)
NEXT
?a(6)
```

A. 5   B. 6   C. 7   D. 8

解析：此例中 6 个数组元素，除了第 1 个和第 2 个元素外，其他元素都为前两个元素之和。

答案：D

【例 14】在 Visual FoxPro 中，如果希望跳出 SCAN…ENDSCAN 循环，执行 ENDSCAN 后面的语句，应使用_____。（2005 年 4 月）

A. LOOP 语句   B. EXIT 语句   C. BREAK 语句   D. RETURN 语句

答案：B

【例 15】在程序中不需要用 PUBLIC 等命令明确声明和建立，可以直接使用的内存变量是_____。（2004 年 9 月）

A. 局部变量   B. 公共变量   C. 私有变量   D. 全局变量

解析：局部变量只能在建立它的程序模块中使用，必须先用 LOCAL 命令声明；公共变量(也叫全局变量)在任何模块中都可使用，这种变量必须先定义后使用，定义格式为 PUBLIC <内存变量表>；私有变量的作用域是建立变量的程序模块及它的子模块。私有变量不需要声明直接就可使用，在默认情况下，Visual Foxpro 中的变量都是私有变量。

答案：C

【例 16】在通过 LOCAL 命令建立的内存变量，其初值为_____。

A. 1   B. .F.   C. 0   D. .T.

解析：通过 LOCAL 和 PUBLIC 命令建立的内存变量，在声明的同时自动赋初值.F.。

答案：B

【例 17】下列程序段执行以后，内存变量 x 和 y 的值是_____。（2008 年 4 月）

```
CLEAR
STORE 3 TO x
STORE 5 TO y
PLUS((x),y)
?x,y
PROCEDURE plus
PARAMETERS   a1,a2
a1=a1+a2
a2=a1+a2
ENDPROC
```

A. 8   13   B. 3   13   C. 3   5   D. 8   5

解析：调用过程 plus 时，(x)强制参数 x 按值传递，参数 y 默认情况下也按值传递，故过程调用后参数 x 和 y 的值保持不变。

答案：C

【例18】下列程序段的输出结果是_____。（2004 年 9 月）

```
CLEAR
STORE 10 to a
STORE 20 to b
SET UDFPARMS TO REFERENCE
DO swap WITH a,(b)
?a,b
PROCEDURE swap
PARAMETERS x1,x2
temp=x1
x1=x2
x2=temp
ENDPROC
```

A. 10 20   B. 20 20   C. 20 10   D. 10 10

解析：本题考查参数的传递方式，SET UDFPARMS TO REFERENCE 命令设定参数按引用方式传递，但由于变量 b 是被一对括号扩起来后作为参数传递的，所以 b 的传递方式是值传递，执行过程 swap 是将变量 a 和 b 的值交换，a 变为 20，b 变为 10,但 b 的值在过程执行完返回主程序后仍保持原来的值 20。

答案：B

【例19】在 Visual FoxPro 中有如下程序：

```
*程序名:TEST.PRG
SET TALK OFF
CLOSE ALL
CLEAR ALL
mx="Visual FoxPro"
my="二级"
DO SUB1 WITH mX
?my+mx
RETURN
*子程序:SUB1.PRG
PROCEDURE SUB1
PARAMETERS mx1
LOCAL mx
mx=" Visual FoxPro DBMS 考试"
my="计算机等级"+my
RETURN
```

执行命令 DO TEST 后，屏幕的显示结果为_____。（2003 年 9 月）

A. 二级 Visual FoxPro   B. 计算机等级二级 Visual FoxPro DBMS 考试

C. 二级 Visual FoxPro DBMS 考试   D. 计算机等级二级 Visual FoxPro

解析： 主程序 TEST.PRG 中变量 mx 和 my 是私有变量，作用域是主程序及其子程序 SUB1.PRG。SUB1.PRG 中的变量 mx 是局部变量，作用域是过程内部，与主程序 TEST.PRG 中的变量 mx 并不是同一变量。在子程序 SUB1.PRG 中，变量 my 的值被赋为 "计算机等级二级"，而主程序中的变量 mX 仍为 "Visual Foxpro"，所以 my+mx 的结果为 "计算机等级二级 Visual FoxPro"。

答案： D

【例20】 下列程序段执行以后，内存变量 a 和 b 的值是_____。（2006 年 9 月）

```
CLEAR
a=10
b=20
SET UDFPARMS TO REFERENCE
DO SQ WITH（a）,b       &&参数 a 是值传送，b 是引用传送
? a, b
PROCEDURE SQ
PARAMETERS x1，y1
x1=x1*x1
y1=2*x1
ENDPROC
```

A. 10   200   B. 100   200   C. 100   20   D. 10   20

解析： SET UDFPARMS TO REFERENCE 指定参数按引用传递，但变量 a 作为参数传递时包含括号，故其是按值传递的。

答案： A

【例21】 在 Visual FoxPro 中，如果希望内存变量只能在本模块（过程）中使用，不能在上层或下层模块中使用，说明该种内存变量的命令是_____。（2007 年 4 月）

A. PRIVATE   B. LOCAL

C. PUBLIC   D. 不用说明，在程序中直接使用

解析： 局部变量只在声明它的过程内起作用。

答案： B

【例22】 设有如下程序：

```
CLEAR
SET TALK OFF
a="500"
DO p1
?a
RETURN
PROCEDURE p1
a=a+"5000"
ENDPROC
```

150

执行该程序，显示的结果为_____。

A. 5500   B. 5000   C. 5005000   D. 5000500

解析：a 为私有变量，调用过程 p1 实现字符串连接运算。

答案：C

【例 23】下列程序段执行时在屏幕上显示的结果是_____。（2009 年 9 月）

```
x1=20
x2=30
SET UDFPARMS TO VALUE
DO test WITH x1,x2
?x1,x2
PROCEDURE test
PARAMETERS a,b
x=a
a=b
b=x
ENDPRO
```

A. 30 30   B. 30 20   C. 20 20   D. 20 30

解析：采用 DO 命令调用过程时，参数传递的方式不受 SET UDFPARMS TO 命令的影响，$x1$，$x2$ 都为按引用方式传递，调用过程 test 后，$x1$ 的值与参数 a 的值相同，$x2$ 的值与参数 b 的值相同。过程 test 的功能是交换参数 a 和 b 的值，故调用过程后即交换了 $x1$ 和 $x2$ 的值。

答案：B

【例 24】使用调试器调试上一题的程序，如果想在过程 test 执行时观察 a 的值，可以在其中安置一条命令，程序执行到该命令时，系统将计算 a 的值，并将结果在调试输出窗口中显示，这条命令的正确写法是_____。（2004 年 9 月）

A. DEBUGOUT a   B. DEBUG a

C. OUT a   D. TEST a

解析：调试输出程序执行过程中表达式值的语句格式为：DEBUGOUT <表达式>。

答案：A

【例 25】使用"调试器"调试程序时，用于显示正在调试的程序文件的窗口是_____。（2004 年 9 月）

A. 局部窗口   B. 跟踪窗口

C. 调用堆栈窗口   D. 监视窗口

答案：B

6.2.2 填空题

【例 1】说明公共变量的命令关键字是_____（关键字必须拼写完整）。（2003 年 9 月）

解析：公共变量也称全局变量，它一旦定义，在任何模块中都可以使用。并且这种变量必须先定义后使用，定义格式如下：

PUBLIC <内存变量表>

答案：PUBLIC

【例2】执行下列程序，显示的结果是_____。（2004 年 4 月）

```
i=1
DO WHILE i<10
i=i+2
ENDDO
?i
```

解析：每执行一次循环体，循环变量 i 的值加 2，循环条件为 i<10，i 的变化过程如下：

第 1 次执行循环体后，i=3
第 2 次执行循环体后，i=5
第 3 次执行循环体后，i=7
第 4 次执行循环体后，i=9
第 5 次执行循环体后，i=11

此时跳出循环体，所以，i 的值为 11。

答案：11

【例3】执行下列程序，显示的结果是_____。（2005 年 4 月）

```
s=1
i=0
DO WHILE i<8
s=s+i
i=i+2
ENDDO
?s
```

解析：循环体执行过程中，变量 s 和 i 的变化过程如下：

第 1 次执行循环体后，s=1，i=2
第 2 次执行循环体后，s=3，i=4
第 3 次执行循环体后，s=7，i=6
第 4 次执行循环体后，s=13，i=8

此时跳出循环，所以，s 的值为 13。

答案：13

【例4】执行下列程序，显示的结果是_____。（2007 年 4 月）

```
one="WORK"
two=""
a=LEN(one)
i=a
DO WHILE i>=1
two=two+SUBSTR(one,i,1)
i=i-1
ENDDO
?two
```

解析：变量 i 存放字符串"WORK"的长度，每执行一次循环体，则从字符串"WORK"中按递序取出一个字符连接到变量 two，最后将变量 two 的值输出。

答案：KROW

【例 5】在程序中插入注释语句，可以使用_____或_____开头的代码行作为注释行。

解析：以 NOTE 或*开始的注释语句，一般放在代码行的开头，称为注释行。以&&为开头的注释语句，放在命令行后面，注释当前命令行的功能。

答案：NOTE　　*

【例 6】执行以下程序，显示的结果为_____和_____。

```
CLEAR
STORE 100 TO x,y
SET UDFPARMS TO VALUE
DO sub1 WITH x,(y)
?x,y
STORE 100 TO x,y
sub1(x,(y))
?x,y
PROCEDURE sub1
PARAMETERS x,y
STORE x+50 TO x
STORE y+50 TO y
ENDPROC
```

解析：采用 DO <过程名> WITH <实参 1>[,<实参 2>,…]方式调用过程，参数是变量时，默认为按引用传递，且不受 SET UDFPARMS TO 设置的影响，但将参数 y 用括号括起来，则可使其为按值传递。SET UDFPARMS TO VALUE 命令对采用<过程名>（<实参 1>[,<实参 2>,…]）格式调用的过程有影响，使语句"sub1(x,(y))"的参数传递方式为按值传递。

答案：150　100　　　　100　100

【例 7】在 Visual FoxPro 中，有如下程序：　（2009 年 4 月）

```
*程序名：TEST.PRG
SET TALK OFF
PRIVATE x,y
x= "数据库"
y= "管理系统"
DO sub1
?x+y
RETURN
*子程序：sub1
LOCAL x
x= "应用"
y= "系统"
x= x+y
RETURN
```

执行命令 DO TEST 后，屏幕显示的结果应是_____。

解析：主程序 test 中 x 和 y 都为私有变量，其作用范围是 test 及其子程序。子程序 sub1 中 x 为局部变量，其作用范围只局限于 sub1 过程内部，所以在 sub1 过程内部出现的变量 x 与主程序 test 中的 x 为不同的变量，而 y 与主程序 test 中的 y 为同一变量。

答案：数据库系统

6.2.3 程序改错

【**例 1**】下面程序的功能是输入一个整数，统计 1 到该数之间有几个奇数、几个偶数和几个能够被 5 整除的数，并分别输出这些数。其中有 3 处错误，请改正过来。注意：只有在 ******found****** 语句的下一行有错误，其他语句没有错误，不需要改正。

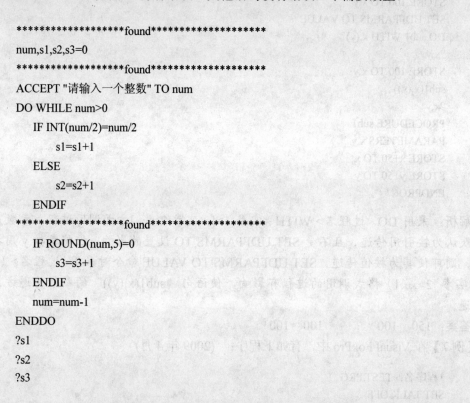

```
*******************found*******************
num,s1,s2,s3=0
*******************found*******************
ACCEPT "请输入一个整数" TO num
DO WHILE num>0
    IF INT(num/2)=num/2
        s1=s1+1
    ELSE
        s2=s2+1
    ENDIF
*******************found*******************
    IF ROUND(num,5)=0
        s3=s3+1
    ENDIF
    num=num-1
ENDDO
?s1
?s2
?s3
```

解析：给多个变量赋相同的值应使用 STORE 命令；ACCEPT 接受键盘输入的字符型数据，而本例中需要的是数值型数据，故应使用 INPUT 语句；判断变量 num 是否能够被 5 整除，可以使用 MOD 函数、INT 函数或%运算符。

答案：

```
STORE 0 TO num,s1,s2,s3
INPUT "请输入一个整数" TO num
IF MOD(num,5)=0 或 IF INT(num/5)= num/5, 或 IF num % 5=0
```

【**例 2**】下面程序的功能是：查询平均成绩大于等于 60 分以上的每个男同学的学号、姓名、平均成绩和选课门数，查询结果按平均成绩降序排序并输出到表 chengji 中。在程序的第

3 行、第 4 行、第 5 行各有一处错误，将其改正过来。注意不要改变语句的结构和短语的顺序，也不允许增加或合并行。

```
OPEN DATABASE 教学
SELECT 学生.学号,姓名,AVG(成绩) as 平均成绩,COUNT(成绩) as 选课门数;
FROM 学生 JOIN 选课 OF 学生.学号 = 选课.学号;
WHERE 性别 = "男" AND AVG(成绩) >= 60;
GROUP BY 学生.学号;
ORDER BY 3 desc ;
INTO TABLE chengji
```

解析： 超联接查询用 ON 指明联接条件，而不是 OF；查询条件"平均成绩大于等于 60 分以上"是对分组条件的限定，而不是对所有记录的限定，故应该将条件放在分组语句的 HAVING 子句中。

答案：

```
FROM 学生 JOIN 选课 ON 学生.学号 = 选课.学号;
WHERE 性别 = "男";
GROUP BY 学生.学号 HAVING AVG(成绩) >= 60;
```

【例 3】下面程序的功能是：查找 RSH.DBF 中女职工的最高工资，并显示其姓名和工资。程序中有 3 处错误，请改正。注意：只有在******found******语句的下一行有错误，其他语句没有错误，不需要改正。

```
USE rsh
mgz = 0
*******************found*******************
DO WHILE NOT BOF()
*******************found*******************
IF  性别="女",mgz<"工资"
        mgz=工资
        mxm=姓名
    ENDIF
*******************found*******************
    CONTINUE
ENDDO
?mxm,mgz
USE
```

解析： 循环遍历表需要用到的函数是 EOF()，而不是 BOF()。IF 语句中两个条件并列使用逻辑运算符连接且字段名不需要用定界符括起来，循环体内对一条记录操作完成后应继续对另一条记录操作，所以指针下移，使用 SKIP 命令。CONTINUE 只和 LOCATE 命令结合使用。

答案：

```
DO WHILE NOT EOF()
```

```
IF 性别="女" AND mgz<工资
SKIP
```

6.3 测试题

6.3.1 选择题

1. Visual FoxPro 通过命令窗口建立程序的命令是＿＿＿＿＿。

A. MODI MENU
B. MODI STRU
C. MODI COMM
D. MODI VIEW

2. 执行下列命令后，应在闪动光标处键入＿＿＿＿＿。

```
INPUT "请输入职称： " TO zch
```

A. "教授"
B. 教授
C. {教授}
D. （教授）

3. 执行下列命令后，应在闪动光标处键入＿＿＿＿＿。

```
ACCEPT "请输入职称： " TO zch
```

A. "教授"
B. 教授
C. {教授}
D. （教授）

4. 在循环语句中，执行＿＿＿＿＿语句可以立即跳出循环，从而结束循环体的执行，接着执行循环体后面的代码。

A. SKIP
B. LOOP
C. EXIT
D. GOTO

5. 在下面定义的变量中，局部变量是＿＿＿＿＿。

```
PUBLIC x
STORE "x" TO y
LOCAL m,n
LOCAL z
```

A. x,y
B. m,n,z
C. m,n
D. y,m,n,z

6. 执行下面的程序，则输出 i 的值是＿＿＿＿＿。

```
CLEAR
FOR i=10 TO 2 STEP -3
    IF i%3=0
        i=i-2
    ENDIF
    i=i-3
    ??i
ENDFOR
```

A. 8 3
B. 7 2
C. 7 1
D. 6 4

7. 执行下面程序后的运行结果为＿＿＿＿＿。

```
CLEAR
STORE 2 TO i,a,b
DO WHILE i<=4
    DO pp
    ?"a="+STR(a,2)
    i=i+1
ENDDO
?"b="+STR(b,2)
RETURN
PROCEDURE pp
    a=a*2
    b=b+a
RETURN
```

A. a=4,a=8,a=16,b=30   B. a=6,a=8,a=16,b=20

C. a=4,a=12,a=16,b=30   D. a=4,a=12,a=16,b=20

8. 下面程序的功能是_____。

```
SET TALK OFF
USE 学生
GO TOP
FOR i=1 TO 15
    IF EOF()
        EXIT
    ENDIF
    DISPLAY
    SKIP
ENDFOR
USE
SET TALK ON
```

A. 显示学生表中的 15 个学生记录

B. 显示学生表中的第 15 个学生记录

C. 显示学生表中的 15 个学生记录，若到达表尾则跳出循环体

D. 显示学生表中的第 15 个学生记录，若到达表尾则跳出循环体

9. 运行下面的程序，结果为_____。（设员工表中包含多条 1979 年出生的学生记录）

```
USE 员工表
DO WHILE NOT EOF()
    LOCATE FOR YEAR(出生日期)=1979
    DISPLAY
    CONTINUE
ENDDO
```

A. 显示所有 1979 年出生的员工记录

B. 显示第一条 1979 年出生的员工记录

C. 显示所有不是 1979 年出生的员工记录

D. 程序死循环，一直显示第一条 1979 年出生的员工记录

10. 下面程序的运行结果为_____。

```
SET TALK OFF
CLEAR
a=.T.
b=0
DO WHILE a
    b=b+1
    IF INT(b/5)=b/5
        ??b
    ELSE
        LOOP
    ENDIF
    IF b>16
        a=.F.
    ENDIF
ENDDO
RETURN
```

A. 5 10 15   B. 5 10 15 20

C. 5 10   D. 5 10 15 20 25

11. 下面的程序执行结果为_____。

```
SET TALK OFF
CLEAR
DO pp1
RETURN
**pp1
PROCEDURE pp1
PRIVATE s
s=3
DO pp2
?s
RETURN
**pp2
PROCEDURE pp2
s=s+8
DO pp3
RETURN
**pp3
PROCEDURE pp3
LOCAL s
s=5
s=s+10
```

158

```
        RETURN
```

A. 11   B. 15   C. 8   D. 3

6.3.2 填空题

1. 程序的三种基本结构是顺序结构、_____和循环结构。

2. 定义全局变量的命令是_____，定义私有变量的命令是_____，定义局部变量的命令是_____。

3. 以下程序是从 10 个数中查找最小数，请将程序补充完整。

```
SET TALK OFF
CLEAR
n=1
INPUT "请输入第一个数： " TO a
DO WHILE n<=_____
    INPUT "请输入第二个数： " TO b
    IF a>b
        _____
    ENDIF
    n=n+1
ENDDO
?"最小的数是： ",a
```

4. 以下程序的功能是：输入部门编号，对员工表中该部门的所有员工记录进行物理删除，请填空。

```
SET TALK OFF
OPEN DATABASE  工资管理
USE  员工表
ACCEPT "请输入部门编号" TO bmbh
DO WHILE _____
    IF  部门编号=bmbh
        DELETE
    ENDIF
    _____
ENDDO
_____
USE
RETURN
```

6.3.3 程序改错

1. 学生表中查找学生王艳芳的记录，如果找到则将该记录的系别、姓名、两科科目名称和对应的成绩显示在屏幕上，否则显示"查无此人！"。以下程序中有两处错误，请改正过来。注意：只有在******found******语句的下一行有错误，其他语句没有错误，不需要改正。

```
USE  学生
*****************found*****************
FIND FOR  姓名="王艳芳"
*****************found*****************
IF .NOT. FIND()
    ?"查无此人!"
ELSE
    ?系别,姓名, "计算机=",计算机, "英语=",英语
ENDIF
USE
RETURN
```

2. 下面程序的功能是：查询所有成绩大于等于平均分的学生的学号和姓名。程序的第2行、第4行、第5行有错误，请改正过来。注意不要改变语句的结构和短语的顺序，也不允许增加或合并行。

```
SELECT AVG(成绩) FROM  选课;
INTO TABLE aa
SELECT  学号,姓名 FROM  学生;
WHERE  学号 IN ;
( SELECT * FROM  选课  WHERE  成绩 ＜aa(1),学号 ＝ 学生.学号 )
```

6.4   测试题答案

选择题答案

1. C   2. A   3. B   4. C   5. B   6. C   7. A   8. C   9. D   10. B   11. A

填空题答案

1. 选择结构（分支结构）   2. PUBLIC   PRIVATE   LOCAL
3. 9   a=b   4. NOT EOF()   SKIP   PACK

程序改错答案

1. LOCATE FOR 姓名="王艳芳"

   IF .NOT. FOUND()

2. 答案1：

        INTO ARRAY aa
        WHERE 学号 NOT IN ;
        (SELECT 学号 FROM 选课 WHERE 成绩 ＜aa(1) AND 学号 ＝ 学生.学号)

   答案2：

        INTO ARRAY aa
        WHERE NOT EXISTS ;
        (SELECT * FROM 选课 WHERE 成绩 ＜aa(1) AND 学号 ＝ 学生.学号)

第 7 章　表单设计与应用

7.1　知识要点

1. 表单的建立、使用和修改。
2. 表单中的控件添加和控件属性设置。

7.2　典型试题与解析

7.2.1　选择题

【例1】下面关于类、对象、属性和方法的叙述中，错误的是_____。（2005 年 9 月）

A. 类是对一类相似对象的描述，这些对象具有相同种类的属性和方法

B. 属性用于描述对象的状态，方法用于表示对象的行为

C. 基于同一个类产生的两个对象可以分别设置自己的属性值

D. 通过执行不同对象的同名方法，其结果必然是相同的

解析：在现实世界中的任何实体都可以认为是对象。对象可以是具体的实物，也可以是某些概念。对象的三个基本要素：属性、事件和方法。属性用来描述对象的状态，是对象的静态物理特征。事件是一种预先定义好的能被对象识别和响应的动作。方法用来描述对象的行为过程。一般地，事件的触发是具有独立性的，也就是说每个对象识别和响应属于自己的事件。类是具有相同或相似性质的对象的抽象，也就是说类是具有相同属性、共同方法的对象的集合。

答案：D

【例2】在 Visual FoxPro 中，下面关于属性、方法和事件的描述错误的是_____。（2009 年 9 月）

A. 属性用于描述对象的状态，方法用于表示对象的行为

B. 基于同一个类产生的两个对象可以分别设置自己的属性值

C. 事件代码也可以像方法一样被显示调用

D. 在创建一个表单时，可以添加新的属性、方法和事件

解析：方法和属性都可以扩展，用户可以自己定义方法和属性，在程序中可以调用该方法和属性。

答案：D

【例3】打开已经存在的表单文件的命令是_____。（2008 年 9 月）

A. MODIFY　FORM　　　　　　　　B. EDIT　FORM

C. OPEN　FORM　　　　　　　D. READ　FORM

解析：选择"文件"→"打开"命令，在"打开"对话框中选择要修改的表单文件。也可以在命令窗口输入命令修改表单：MODIFY FORM <表单文件名>。

答案：A

【例4】表单文件的扩展名是_____。（2009 年 9 月）

A. FRM　　　　　　B. PRG　　　　　　C. SCX　　　　　D. VCX

解析：PRG 为程序文件，SCX 为表单文件，VCX 为可视类库文件。

答案：C

【例5】下面关于命令 DO　FORM　XX　NAME　YY　LINKED 的陈述中，正确的是_____。
（2008 年 4 月）

A. 产生表单对象引用变量 XX，在释放变量 XX 时自动关闭表单

B. 产生表单对象引用变量 XX，在释放变量 XX 时并不关闭表单

C. 产生表单对象引用变量 YY，在释放变量 YY 时自动关闭表单

D. 产生表单对象引用变量 YY，在释放变量 YY 时并不关闭表单

解析：运行表单的命令是：DO FORM <表单文件名>[NAME<变量名>] WITH <实参 1> [, <实参 2>，…][LINKED][NOSHOW]。

NAME<变量名>子句：系统建立指定名字的变量，并将该变量指向表单对象；否则，系统将建立一个与表单文件名同名的变量指向表单对象。

LINKED 关键字：表单对象随着指向它的变量的清除而释放；否则，即使变量已经清除，表单仍然存在。如果没有 LINKED 关键字，指向表单对象的变量不会随表单的关闭而清除。

答案：C

【例6】假设某表单的 Visible 属性的初值为.F.，能将其改为.T.的方法是____。（2009 年 9 月）

A. Hide　　　　　　B. Show　　　　　　C. Release　　　　　D. SetFocus

解析：Show 方法是显示表单，并指定该表单是模式表单还是非模式表单。该方法将表单的 Visible 属性值设为.T.，同时使表单成为活动对象。

答案：B

【例7】运行表单时，下列有关表单事件首先被触发的是_____。（2006 年 9 月）

A. Click　　　　B. Error　　　　C. Init　　　　D. Load

解析：Load 事件的触发时机为创建对象前，Init 事件的触发时机为创建对象时，Click 事件是在前两个事件后，用户单击表单时触发的。

答案：D

【例8】在 Visual FoxPro 中，释放和关闭表单的方法是_____。（2008 年 9 月）

A. Release　　　　B. Delete　　　　C. LostFocus　　　D. Destory

解析：Delete 是删除命令，LostFocus 是控制由于用户的操作而失去焦点命令，Destroy 是释放一个对象时触发的事件，Release 方法是从内存中释放表单。

答案：A

【例9】关闭表单的程序代码是 ThisForm.Release，Release 是_____。（2008 年 9 月）

A. 表单对象的标题　　　　　　B. 表单对象的属性

C. 表单对象的事件　　　　　　D. 表单对象的方法

解析： 表单常用的事件有：Init 事件、Destroy 事件、Error 事件、Load 事件、Unload 事件、GotFocus 事件、Click 事件、DbClick 事件、RightClick 事件和 InteractiveChange 事件。常用的方法有：Release 方法、Refresh 方法、Show 方法、Hide 方法和 SetFocus 方法。

答案： D

【例 10】 假设表单上有一个选项组"⊙男○女"，初始时该选择组的 Value 的属性值为 1，若选项按钮"女"被选中，该选项组的 Value 属性值是_____。（2009 年 3 月）

A. 1　　　　　B. 2　　　　　C. "女"　　　　D. "男"

解析： 选项组控件的 Value 属性值的类型可以是数值型的，也可以是字符型的。若为数值 N，则表示选项组中第 N 个选项按钮被选中，若为字符串 C，则表示选项组中 Caption 属性值为 C 的选项按钮被选中。此题中，选项按钮"女"被选中，表示第 2 个选项按钮被选中，所以为 2。

答案： B

【例 11】 假设在表单设计器环境下，表单中有一个文本框且已经被选定为当前对象。现在从属性窗口中选择 Value 属性，然后在设置框中输入：={^2001-9-10}-{^2001-8-20}。请问以上操作后，文本框 Value 属性值的数据类型为_____。（2007 年 9 月）

A. 日期型　　　　B. 数值型　　　　C. 字符型　　　　D. 以上操作出错

解析： 文本框的 Value 属性可以接收任意类型的数据，可以直接输入数据，也可能输入"="及表达式，通过运算得到。{^2001-9-10}-{^2001-8-20}结果为数值 21，所以选 B。

答案： B

【例 12】 表单里有一个选项按钮组，包含两个选项组 Option1 和 Option2，假设 Option2 没有设置 Click 事件代码，而 Option1 及选项按钮和表单都设置了 Click 事件代码，那么当表单运行时，如果用户单击 Option2，系统将_____。（2008 年 4 月）

A. 执行表单的 Click 事件代码　　　　B. 执行选项按钮组的 Click 事件代码

C. 执行 Option1 的 Click 事件代码　　D. 不会有反应

解析： 一般地，事件的触发是具有独立性的，也就是说，每个对象识别和响应属于自己的事件。例如，当用户单击表单上的某个命令按钮时，触发的是命令按钮的 Click 事件，而不会触发表单的 Click 事件。

答案： D

【例 13】 表格控件的数据源可以是_____。（2006 年 4 月）

A. 视图　　　　B. 表　　　　C. SQL SELECT 语句　D. 以上答案都对

解析： 表格的数据源可以是表、视图和 SQL SELECT 语句。

答案： D

【例 14】 下列属于命令按钮事件的是_____。（2006 年 4 月）

A. Parent　　　　B. This　　　　C. ThisForm　　　　D. Click

解析： 事件是一种预先定义好的能被对象识别和响应的动作。每一个对象都有与其相关联的事件，事件可以由系统引发或由用户激活，大多数事件由用户触发。

答案： D

【例 15】 表单名为 myForm 的表单中有一个页框 myPageFrame，将该页框的第 3 页（Page3）的标题设置为"修改"，可以使用代码_____。（2008 年 4 月）

A. myForm.Page3.myPageFrame.Caption="修改"

B. myForm.myPageFrame.Caption.Page3="修改"

C. Thisform.myPageFrame.Page3.Caption="修改"

D. Thisform.myPageFrame.Caption.Page3="修改"

解析：当需要引用某个对象时，就必须指明对象所在的层次。访问对象属性的格式是：<对象引用>.<对象属性>。对象属性是描述对象特征的，所以通常要被赋予具体的值。

答案：C

【例16】新创建的表单默认标题为 Form1，为了修改表单的标题，应设置表单的_____。（2003年9月）

A. Name 属性　　　　　　　　　B. Caption 属性

C. Closable 属性　　　　　　　　D. AlwaysOnTop 属性

解析：Name 属性是所有对象都具有的属性，它是所创建对象的名称。所有对象在创建时都会由 Visual FoxPro 自动提供一个默认名称。Caption 属性决定控件标题显示的文本内容。Closable 属性决定是否可用表单标题栏上的关闭按钮关闭表单。AlwaysOnTop 属性决定其他窗口是否覆盖住表单窗口。

答案：B

【例17】下面关于表单若干常用事件的描述中，正确的是_____。（2004年9月）

A. 释放表单时，Unload 事件在 Destroy 事件之前引发

B. 运行表单时，Init 事件在 Load 事件之前引发

C. 单击表单的标题栏，引发表单的 Click 事件

D. 上面的说法都不对

解析：Load 事件的触发时机为创建对象前，Init 事件的触发时机为创建对象时，单击控件将触发该控件的 Click 事件，单击标题栏，不能触发 Click 事件。释放表单时触发 Unload 事件。释放表单时，先触发表单的 Destroy 事件，然后触发表单的 Unload 事件。

答案：D

【例18】页框控件也称为选项卡控件，在一个页框中可以有多个页面，页面个数的属性是_____。（2008年9月）

A. Count　　　　　B. Page　　　　　C. Num　　　　　D. PageCount

解析：PageCount 属性指定页框对象所含页面个数。该属性最小值为0，最大值为99。

答案：D

7.2.2　填空题

【例1】命令按钮的 Cancel 属性的默认值是_____。（2009年9月）

解析：Cancel 属性指定按下〈ESC〉键时，Cancel 属性值为.T.的命令按钮响应。该属性主要适用于命令按钮，默认值为.F.。

答案：.F.

【例2】为使表单运行时在主窗口中居中显示，应设置表单的 AutoCenter 属性为_____。（2007年4月）

解析：AutoCenter 属性决定表单产生时在窗口中的位置。默认值为.F.，表单出现的位置

与设计时的位置相同。属性值为.T.时，表单在主窗口的中间出现。

答案：T.

【例3】在 Visual FoxPro 中，如果要改变表单上表格对象中当前显示的列数，应设置表格的_____属性值。（2006 年 9 月）

解析：ColumnCount 属性指定表格列对象的数目。该属性默认值为-1，此时表格将创建足够多的列来显示数据源中的所有字段。

答案：ColunmCount

【例4】Visual FoxPro 表单的 Load 事件发生在 Init 事件之_____。（2004 年 9 月）

解析：Load 事件的触发时机为创建对象前，Init 事件的触发时机为创建对象时。所以 Load 事件在 Init 事件前发生。

答案：前

【例5】为了在文本框中输入时隐藏信息（如显示"*"），需要设置该控件的_____属性。（2008 年 9 月）

解析：PasswordChar 属性指定文本框控件内是显示用户输入的字符还是显示占位符。该属性默认值为空串，此时无占位符，文本框内容显示用户输入的内容。当为该属性指定了一个字符（如"*"）后，则文本框中不显示用户输入的内容，而显示占位符。该属性常用于密码输入。

答案：PasswordChar

【例6】在 Visual FoxPro 中，运行当前文件夹下的表单 T1.SCX 的命令是_____。（2003 年 9 月）

解析：运行表单的命令是：DO FORM <表单文件名> 。

答案：DO FORM T1

【例7】可以使编辑框的内容处于只读状态的两个属性是 ReadOnly 和_____。（2009 年 9 月）

解析：ReadOnly 属性指定用户能否修改编辑框中的文本内容。属性值为.T.时，用户不能修改编辑框中的内容。属性值为.F.时，用户可以修改编辑框中的内容。Enabled 属性指定控件能否响应用户引发的事件。属性值为.T.时用户能响应用户引发的事件，属性值为.F.时用户不能响应用户引发的事件。因此 ReadOnly 和 Enabled 属性都可以使编辑框处于只读状态。

答案：Enabled

【例8】在 Visual FoxPro 的表单设计中，为表格控件指定数据源的属性是_____。（2004 年 9 月）

解析：用户可以为整个表格设置数据源，该数据源通过 RecordSourceType 属性和 RecordSource 属性指定。RecordSourceType 属性为记录源类型，RecordSource 属性为记录源。

答案：RecordSource

【例 9】在将设计好的表单存盘时，系统生成扩展名分别是 SCX 和_____的两个文件。（2004 年 9 月）

解析：表单文件的扩展名为.SCX，同时生成表单备注文件.SCT。

答案：SCT

【例 10】在 Visual FoxPro 中，为表单指定标题的属性是＿＿＿＿。（2004 年 9 月）

解析：Caption 属性决定控件标题显示的文本内容。

答案：Caption

7.3 测试题

7.3.1 选择题

1. 下面属于表单方法名（非事件名）的是＿＿＿＿＿。

A. Init   B. Release   C. Destroy   D. Caption

2. 假设表单 MyForm 隐藏着，让该表单在屏幕上显示的命令是＿＿＿＿＿。

A. MyForm.List   B. MyForm.Display

C. MyForm.Show   D. MyForm.ShowForm

3. 在 Visual FoxPro 中，调用表单 mf1 的正确命令是＿＿＿＿＿＿。

A. DO mf1   B. DO FROM mf1

C. DO FORM mf1   D. RUN mf1

4. 以下属于容器类控件的是＿＿＿＿＿。

A. Text   B. Form   C. Label   D. CommandButton

5. 在表单中，有关列表框和组合框内选项的多重选择，正确的叙述是＿＿＿＿＿。

A. 列表框和组合框都可以设置成多重选择

B. 列表框和组合框都不可以设置成多重选择

C. 列表框可以设置多重选择，而组合框不可以

D. 组合框可以设置多重选择，而列表框不可以

6. 下列表单的哪个属性设置为真时，表单运行时将自动居中＿＿＿＿。

A. AutoCenter   B. AlwaysOnTop

C. ShowCenter   D. FormCenter

7. 在 Visual FoxPro 中，组合框的 Style 属性值为 2，则该下拉框的形式为＿＿＿＿。

A. 下拉组合框   B.下拉列表框

C. 下拉文本框   D. 错误设置

8. 表单控件工具栏的作用是在表单上创建＿＿＿＿＿。

A. 文本   B. 事件   C. 控件   D. 方法

9. 在 Visual FoxPro 中，表单文件的扩展名为＿＿＿＿＿。

A. QPR   B. PRG   C. SCX   D. PJX

10. 如果要运行一个表单，下列事件首先触发的是＿＿＿＿＿。

A. Load   B. Error   C. Init   D. Click

11. 释放和关闭表单的方法是＿＿＿＿。

A. Release   B. Delete   C. LostFocus   D. Destory

12. 有 Visual FoxPro 中，释放表单时会引发的事件是＿＿＿＿＿。

A. UnLoad 事件   B. Init 事件

C．Load 事件　　　　　　　　　　　D．Release 事件

13．在 Visual Foxpro 中，Unload 事件的触发时机是_____。

A．释放表单　　　　　　　　　　　B．打开表单

C．创建表单　　　　　　　　　　　D．运行表单

14．下列关于组合框的说法中正确的是_____。

A．组合框中，只有一个条目是可见的　　B．组合框不提供多重选定的功能

C．组合框没有 MultiSelect 属性的设置　　D．以上说法均正确

15．执行命令 MyForm=CreateObject("Form")可以建立一个表单，为了让该表单在屏幕上显示，应该执行命令_____。

A．MyForm.List　　　　　　　　　　B．MyForm.Display

C．MyForm.Show　　　　　　　　　　D．MyForm.ShowForm

16．假定一个表单里有 1 个文本框 Text1 和 1 个命令按钮组 CommandGroup1。命令按钮组是一个容器对象，其中包含 Command1 和 Command2 两个命令按钮。如果要在 Command1 命令按钮的某个方法中访问文本框的 Value 属性值，正确的表达式是_____。

A．This.ThisForm.Text1.Value　　　　B．This.Parent.Parent.Text1.Value

C．Parent.Parent.Text1.Value　　　　D．This.Parent.Text1.Value

17．对于表单及控件的绝大多数属性，其类型通常是固定的，通常 Caption 属性只用来接收_____。

A．数值型数据　　　　　　　　　　B．字符型数据

C．逻辑型数据　　　　　　　　　　D．以上数据类型都可以

18．在表单控件中，要保存多行文本，可创建_____。

A．列表框　　　　B．文本框　　　　C．标签　　　　D．编辑框

19．在表单中为表格控件指定数据源的属性是_____。

A．DataSource　　　B．DateFrom　　　C．RecordSource　D．RecordFrom

20．设置文本框内容的属性是_____。

A．value　　　　　B．Caption　　　　C．Name　　　　D.Inputmask

21．为了隐藏在文本框中输入的信息，用占位符代替显示用户输入的字符，需要设置的属性是_____。

A．value　　　　　　　　　　　　　B．ControlSource

C．InputMask　　　　　　　　　　　D．PasswordChar

22．如果文本框的 InputMask 属性值是#99999，允许在文本输入的是_____。

A．+12345　　　　B．abc123　　　　C．$12345　　　　D．abcdef

23．下列属性中，与在编辑框中选定文本无关的属性是_____。

A．SelStart　　　　B．SelLength　　　C．SelText　　　　D.ScrollBars

24．在表单中有命令按钮 Cd1 和文本框 T1，将文本框的 InputMask 属性值设置为 $9,999.9，然后在命令按钮的 Click 事件中输入代码 ThisForm.T1.Value=123456.789，运行表单时，单击命令按钮，此时文本框中显示的内容为_____。

A．$123,456.789　　B．$23,456.7　　C．123,456.7　　　D．**,***.*

25．在命令按钮组中，决定命令按钮数目的属性是_____。

A. ButtonCount B. Buttons C. Value D. ControlSource

26. 下列关于表格的说法中正确的是_____。

A. 表格是一种容器对象，在表格中全部按列来显示数据

B. 表格对象由若干列对象组成，每个列对象包含若干个标头对象和控件

C. 表格、列、标头和控件有自己的属性、方法和事件

D. 以上说法均正确

27. 将编辑框的 ReadOnly 属性值设置为.T.，则运行时此编辑框中的内容_____。

A. 只能读   B. 只能用来编辑

C. 可以读也可以编辑   D. 对编辑框设置无效

28. 如果文本框的 SelStart 属性值为-1，表示的含义为_____。

A. 光标定位在文本框的第一个字符位置上

B. 从当前光标处向前选定一个字符

C. 从当前光标处向后选定一个字符

D. 错误属性值，该属性值不能为负数

7.3.2 填空题

1. Visual FoxPro 子类是在已有类的基础上进行修改而形成的类，子类对父类的方法和属性可以_____。

2. 在将设计好的表单存盘时，系统将生成扩展名分别是 SCX 和____的两个文件。

3. 在 Visual FoxPro 中为表单指定标题的属性是_____。

4. 在表单设计器中可以通过_____工具栏的工具快速对齐表单中的控件。

5. 在 Visual FoxPro 中，在运行表单时最先引发的表单事件是_____事件。

6. 在表单中要使控件成为可见的，应设置控件的_____属性。

7. 在 Visual FoxPro 表单中，当用户使用鼠标单击命令按钮时，会触发命令按钮的____事件。

8. 在文本框中，_____属性指定在一个文本框中如何输入和显示数据。

9. 在文本框中，利用_____ 属性指定文本框内显示占位符。

10. 设计表单时，要确定表单中是否有最大化按钮，可通过表单的_____属性进行设置。

11. 在 Visual FoxPro 中释放和关闭表单的方法是_____。

12. 在表单中设计一组复选框（CheckBox）控件是为了可以选择____个或多个选项。

13. 有选项组"○男 ○女"，该选项组的 Value 属性值赋为 0。当其中的第一个选项按钮"男"被选中时，该选项组的 Value 属性值为 _____。

14. 在 Visual FoxPro 表单中，用来确定复选框是否被选中的属性是_____。

7.4 测试题答案

选择题答案

1. B 2. C 3. C 4. B 5. C 6. A 7. B 8. C 9. C 10. A

11. A 12. A 13. A 14. D 15. C 16. B 17. B 18. D 19. C 20. A

21．D　22．A　23．D　24．D　25．A　26．C　27．A　28．D

填空题答案

1．继承　　　　　　　　2．SCT

3．Caption　　　　　　4．布局

5．Load　　　　　　　　6．Visible

7．Click 或单击　　　　8．InputMask

9．PasswordChar　　　　10．MaxButton

11．Release　　　　　　12．零 或 0

13．1　　　　　　　　　14．Value

第 8 章　菜单设计与应用

8.1　知识要点

1. 菜单的结构及概念。
2. Visual FoxPro 的系统菜单。
3. 菜单设计器的使用。
4. 下拉式菜单的设计。
5. 为顶层表单添加菜单。
6. 快捷菜单的设计。

8.2　典型试题与解析

8.2.1　选择题

【例 1】如果菜单项的名称为"统计"，热键是〈T〉，在菜单名称一栏中应输入_____。（2003 年 9 月）

A．统计（\<T)　　　　　　　　　B．统计（Ctrl+T）

C．统计（Alt+T）　　　　　　　　D．统计（T）

解析：在菜单名称列可以为菜单项设定热键，方法是在要设置为热键的字母前加上"\<"。

答案：A

【例 2】为了从用户菜单返回到系统菜单应该使用命令_____。（2004 年 4 月）

A．SET DEFAULT SYSTEM　　　　B．SET MENU TO DEFAULT

C．SET SYSTEM TO DEFAULT　　　D．SET SYSMENU TO DEFAULT

解析：SET SYSMENU TO DEFAULT 将系统菜单恢复为默认设置，其他选项均为错误命令语句。

答案：D

【例 3】为表单建立快捷菜单 MYMENU，调用快捷菜单的命令代码 DO mymenu.mpr WITH THIS 应该放在表单的_____中。（2004 年 9 月）

A．Destroy 事件　　　B．Init 事件　　　C．Load 事件　　　　D．RightClick 事件

解析：表单的快捷菜单是在表单上右击鼠标时出现的菜单，所以调用快捷菜单的命令应该放在表单的 RightClick 事件中。

答案：D

【例 4】扩展名为.mnx 的文件是_____。（2005 年 9 月）

A．备注文件　　　　B．项目文件　　　C．表单文件　　　　D．菜单文件

解析：备注文件的扩展名".dct"、".fpt"，项目文件的扩展名为".pjx"，表单文件的扩展名为".scx"。

答案：D

【例5】在 Visual FoxPro 中可以用 DO 命令执行的文件不包括＿＿＿＿＿。（2006 年 4 月）

A．PRG 文件　　　　B．MPR 文件　　　C．FRX 文件　　　　D．QPR 文件

解析：选项 A、B 和 D 均为程序文件，都可以 DO 命令执行。其中"QPR"文件为生成的查询程序文件，而".FRX"为生成的报表文件，用 DO report 命令执行。

答案：C

【例6】以下是与设置系统菜单有关的命令，其中错误的是＿＿＿＿＿。（2006 年 4 月）

A．SET SYSMENU DEFAULT　　　　B．SET SYSMENU TO DEFAULT

C．SET SYSMENU NOSAVE　　　　D．SET SYSMENU SAVE

解析：选项 A 为错误的命令语句，选项 B 用来将系统菜单恢复为默认设置，选项 C 将默认设置恢复为系统菜单的标准配置，选项 D 用来将当前的系统菜单保存为默认设置。

答案：A

【例7】在 Visual FoxPro 中，要运行菜单文件 menul.mpr，可以使用命令＿＿＿＿＿。（2006 年 4 月）

A．DO menul　　　　　　　　　B．DO menul.mpr

C．DO MENU menul　　　　　　　D．RUN menul

解析：调用菜单程序的命令格式为：DO <菜单程序文件名.mpr>。

答案：B

【例8】在 Visual FoxPro 中，菜单程序文件的默认扩展名是＿＿＿＿＿。（2007 年 9 月）

A．mnx　　　　　　B．mnt　　　　　C．mpr　　　　　D．prg

解析：菜单程序文件的扩展名是".mpr"，菜单文件的扩展名是".mnx"，菜单备注文件的扩展名是".mnt"。

答案：C

【例9】在菜单设计中，可以在定义菜单名称时为菜单项指定一个访问键。规定了菜单项的访问键为"X"的菜单名称定义是＿＿＿＿＿。（2008 年 9 月）

A．综合查询\<(X)　　　　　　　B．综合查询/<(X)

C．综合查询(\<X)　　　　　　　D．综合查询(/<X)

解析：无论是在菜单项还是在表单按钮控件中，指定一个访问键的方式相同，都是\<X。

答案：C

8.2.2　填空题

【例1】弹出式菜单可以分组，插入分组线的方法是在"菜单名称"项中输入＿＿＿＿＿两个符号。（2003 年 9 月）

解析：要为菜单项分组，需在菜单设计器的"菜单名称"列中输入"\-"。

答案：\-

【例2】为了从用户菜单返回到默认的系统菜单应该使用命令 SET＿＿＿＿＿ TO DEFAULT。

（2004 年 9 月）

解析：SET SYSMENU TO DEFAULT 将系统菜单恢复为默认设置，通常用来关闭用户菜单返回到默认的系统菜单。

答案：SYSMENU

【例 3】要将一个弹出式菜单作为某个控件的快捷菜单，通常是在该控件的_____事件代码中添加调用弹出式菜单程序的命令。（2006 年 4 月）

解析：快捷菜单是右击鼠标时出现的菜单，所以调用菜单的命令要放在控件的右击事件（RightClick）中。

答案：RightClick

【例 4】在 Visual FoxPro 中，假设当前文件夹中有菜单程序文件 MYMENU.MPR，运行该菜单程序的命令是_____。

解析：调用菜单程序的命令是 DO <菜单程序文件名.mpr>。需要注意的是，文件的扩展名不能省略。

答案：DO MYMENU.MPR

【例 5】在命令窗口中执行_____命令可以启动菜单设计器。

解析：调用菜单设计器，打开"菜单设计器"窗口，进行菜单的建立或者修改。命令格式为 MODIFY MENU <文件名>。

答案：MODIFY MENU

【例 6】菜单文件的扩展名是_____。

解析：菜单定义文件为.mnx，菜单程序文件为.mpr，其中可执行的菜单程序文件是.mpr。

答案：mnx

【例 7】菜单程序文件的扩展名是_____。

答案：mpr

【例 8】在关闭"菜单设计器"之前，选择"菜单"菜单中的_____命令，会生成菜单程序文件 MPR。

解析：生成菜单程序文件的方法是：在关闭"菜单设计器"之前，选择"菜单"→"生成"命令，在"生成菜单"对话框中指定菜单程序文件的名称和存放的路径，最后单击"生成"按钮。

答案：生成

【例 9】为菜单项设置快捷键的方法是，在菜单设计器中单击菜单项右侧的_____按钮。

解析：每个菜单项的"选项"列都有一个无符号按钮，单击该按钮就会出现"提示选项"对话框，在对话框中可以指定菜单项的快捷键。如果要为菜单项设置"热键"，可直接在菜单标题栏输入"\<"加字母即可。

答案：选项

8.3 测试题

8.3.1 选择题

1：假设建立了一个菜单 menul，为了执行菜单应该使用命令_____。

A．DO MENU B．RUN MENU menu1

C．DO menu1 D．DO menu1.mpr

2．Visual FoxPro 打开菜单设计器窗口后，增加的系统菜单项是_____。

A．预览 B．数据库 C．菜单 D．显示

3．菜单设计器设计好的菜单保存后，其保存的文件扩展名为_____。

A．.scx 和.sct B．.mnx 和.mnt C．.frx 和.frt D．.pjx 和.pjt

4．将当前的系统菜单保存为默认设置使用命令_____。

A．SET SYSMENU DEFAULT B．SET SYSMENU TO DEFAULT

C．SET SYSMENU NOSAVE D．SET SYSMENU SAVE

5．选择"显示"→"常规选项"命令可以为菜单添加"设置"代码，此代码将在菜单定义代码_____执行。

A．之后 B．之前 C．中间 D．两端

6．要打开菜单设计器，使用的命令为_____。

A．CREAT FORM B．MODI FORM

C．CREAT MENU D．MODI MENU

7．使用菜单设计器时，选中菜单项之后，如果要设计它的子菜单，应在"结果"中选择_____。

A．命令 B．子菜单 C．填充名称 D．过程

8．如果想查看菜单程序文件 mymenu.mpr 的代码内容，在命令窗口中要输入_____。

A．MODIFY COMMAND < mymenu >

B．MODIFY MENU < mymenu >

C．MODIFY COMMAND < mymenu.mpr >

D．MODIFY MENU < mymenu.mpr >

9．使用菜单设计器时，若菜单项对应的任务由多条命令才能完成，应在"结果"中选择_____。

A．命令 B．子菜单 C．填充名称 D．过程

10．在菜单设计器中生成菜单的程序文件并运行后，生成的程序文件扩展名有_____。

A．.SCX 和.SCT B．.MNX 和.MNT C．.FRX 和.FRT D．.MPR 和.MPX

8.3.2 填空题

1．Visual FoxPro 有两种菜单：下拉式菜单和快捷菜单。下拉式菜单通常由一个_____菜单和一组弹出式菜单组成。

2．允许或禁止在应用程序执行时访问系统菜单的命令是_____。

3．恢复 Visual FoxPro 系统菜单的命令是_____。

4．菜单项的快捷键通常用_____键与一个字母键组合，菜单项的热键通常是一个带下画线的字母。

5．要将创建好的快捷菜单添加到控件上，必须在该控件的_____事件中添加执行菜单文件的代码。

6．要为顶层表单添加菜单，首先需要在菜单设计时，在"常规选项"对话框中选择_____

复选框。

7. 使表单成为顶层表单，需要在表单的_____事件代码中添加调用菜单程序的命令。

8. 释放快捷菜单的命令是_____POPUPS <快捷菜单名> {EXTENDED}。

8.4 测试题答案

选择题答案

1. D   2. C   3. B   4. D   5. B   6. D   7. B   8. C   9. D   10. D

填空题答案

1. 条形

2. SET SYSMENU OFF

3. SET SYSMENU TO DEFAULT

4. Ctrl

5. RightClick

6. 顶层表单

7. Init 或 Load

8. RELEASE

第 9 章　创建报表与标签

9.1　知识要点

1. 报表的数据源及常用布局。
2. 应用报表向导、快速报表和表设计器创建简单报表。
3. 应用"报表控件"工具栏、"布局"工具栏和"调色板"工具栏修改报表。
4. 多栏报表的创建。
5. 报表的输出。
6. 标签的创建及输出。

9.2　典型试题与解析

9.2.1　选择题

【例 1】使用报表向导定义报表时，定义报表布局的选项是_____。（2002 年 9 月）

　A. 列数、方向和字段布局　　　　B. 列数、行数和字段布局
　C. 行数、方向和字段布局　　　　D. 行数、列数和方向

　解析：在 Visual FoxPro 中使用报表向导共有 6 个步骤，其中第 4 步中需要用户来定义报表的布局，具体的选项为列数、方向和字段布局。

　答案：A

【例 2】Visual FoxPro 的报表文件.FRX 中保存的是_____。（2003 年 9 月）

　A. 打印报表的预览格式　　　　B. 已经生成的完整报表
　C. 报表的格式和数据　　　　　D. 报表设计格式的定义

　解析：扩展名.FRM 表示报表文件，扩展名.FRX 表示报表设计格式的文件。

　答案：D

【例 3】为了在报表中打印当前时间，应插入一个_____。（2004 年 4 月）

　A. 表达式控件　　　　　　　　B. 域控件
　C. 标签控件　　　　　　　　　D. 文本控件

　解析：域控件用于打印表或视图中的字段、变量和表达式的计算结果。

　答案：B

【例 4】报表的数据源可以是_____。（2005 年 9 月）

　A. 表或视图　　　　　　　　　B. 表或查询
　C. 表、查询或视图　　　　　　D. 表或其他报表

解析：报表的数据源通常是数据库表、自由表、视图、查询或临时表。

答案：C

【例5】 在 Visual FoxPro 中，报表的数据源不包括_____。（2009 年 3 月）

    A. 视图   B. 自由表   C. 查询   D. 文本文件

解析：同例 4。

答案：D

【例6】 有 Visual FoxPro 中，在屏幕上预览报表的命令是_____。（2007 年 4 月）

    A. PREVIEW REPORT   B. REPORT FORM … PREVIEW

    C. DO REPORT … PREVIEW   D. RUN REPORT … PREVIEW

解析：预览报表的命令格式是 REPORT FORM <文件名> PREVIEW。

答案：B

9.2.2 填空题

【例1】 为了在报表中插入一个文字说明，应该插入一个_____控件。（2006 年 9 月）

解析：标签是用于对静态文字输入并排版的控件。

答案：标签

【例2】 为修改已建立的报表文件打开报表设计器的命令是_____。（2007 年 4 月）

解析：CREATE REPORT <文件名>表示创建新的报表，MODIFY REPORT <文件名>表示打开一个已有的报表。

答案：MODIFY　REPORT

【例3】 报表设计器窗口主要有 3 种打印带区，分别是_____、细节和页注脚。

解析：报表的 3 个打印带区分别是页标头、细节和页注脚，代表报表的表头、表体和表尾。

答案：页标头

【例4】 在报表设计器窗口中，_____带区的打印次数不是固定的，由表的记录数决定。

解析：报表设计器的细节带区的打印是重复的，重复的次数由数据环境中表的记录数决定。

答案：细节

9.3　测试题

9.3.1　选择题

1. 报表主要包括两部分，分别是_____。

    A. 数据源和布局   B. 数据源和格式

    C. 表和布局   D. 表和格式

2. 对报表进行分组时，报表会自动包含的带区是_____。

    A. 组标头和页注脚   B. 组标头和组注脚

C. 页标头和页注脚　　　　　　　　　　D. 页标头和组注脚

3. 在报表设计器中可以使用的控件是_____。

A. 标签、域控件和线条　　　　　　　　B. 标签、域控件和列表框

C. 标签、文本框和列表框　　　　　　　D. 布局和数据源

4. 运行报表文件 R1.FRX，正确的命令格式是_____。

A. DO FORM R1　　　　　　　　　　　B. REPORT FORM R1

C. DO R1.FRX　　　　　　　　　　　　D. REPORT R1

5. 在创建快速报表时，基本带区包括_____。

A. 标题、细节和总结　　　　　　　　　B. 页标头、细节和页注脚

C. 组标头、细节和组注脚　　　　　　　D. 报表标题、细节和页注脚

6. 如果要创建一个数据 3 级分组报表，第一个分组表达式是"部门"，第二个分组表达式是"性别"，第三个分组表达式是"基本工资"，当前索引的索引表达式应当是_____。

A. 部门+性别+基本工资　　　　　　　　B. 部门+性别+STR(基本工资)

C. STR(基本工资)+性别+部门　　　　　D. 性别+部门+STR(基本工资)

7. 在 Visual FoxPro 报表设计器中，在报表布局中不能插入的报表控件是_____。

A. 域控件　　　　　B. 线条　　　　　C. 文本框　　　　　D. 图片/OLE 绑定控件

8. 在 Visual FoxPro 报表设计器中，为报表添加标题的正确操作是_____。

A. 在页标头带区加标签控件　　　　　　B. 在细节带区中加标签控件

C. 在组标头带区加标签控件　　　　　　D. 从"报表"菜单选择"标题总结"命令

9. 在报表设计中，关于报表标题，下列叙述中正确的是_____。

A. 每页打印一次　　　　　　　　　　　B. 每报表打印一次

C. 每组打印一次　　　　　　　　　　　D. 每列打印一次

10. 建立报表并打开报表设计器的命令是_____。

A. CREATE REPORT　　　　　　　　　B. NEW REPORT

C. REPORT FROM　　　　　　　　　　D. START REPORT

11. 报表设计器中，域控件用来表示_____。

A. 数据源的字段　　　　　　　　　　　B. 变量

C. 计算结果　　　　　　　　　　　　　D. 以上答案都对

12. 报表分组的依据是_____。

A. 分组表达式　　　　　　　　　　　　B. 排序

C. 查询　　　　　　　　　　　　　　　D. 以上都不是

13. 报表的列注脚是为了表示_____。

A. 总结或统计　　　　　　　　　　　　B. 每页设计

C. 总结　　　　　　　　　　　　　　　D. 分组数据的计算结果

14. 在"报表设计器"中，任何时候都可以使用"预览"功能查看报表的打印效果，以下 4 种操作中不能实现预览功能的是_____。

A. 直接单击"常用"工具栏的"打印预览"按钮

B. 在"报表设计器"中右击鼠标，在弹出的快捷菜单中选择"预览"命令

C. 选择"显示"→"预览"命令

D. 选择"报表" → "运行报表"命令

15. "快速报表"对话框中的"字段"按钮的作用是_____。

A. 设置字段方向　　　　　　B. 选取要打印的字段

C. 设置字段布局　　　　　　D. 选取要打印的数据表

9.3.2 填空题

1. 调用报表文件，打印和预览报表的命令是_____。

2. 设计报表通常包括两部分内容：_____和布局。

3. "图片/ActiveX 绑定控件"按钮用于显示图片或_____型字段的内容。

4. 如果已对报表进行了数据分组，报表会自动包含_____带区和组注脚带区。

5. 多栏报表的栏目数可以通过_____来设置。

6. 通常可以使用"报表向导"或"快速报表"生成一个简单报表，然后在_____中修改。

7. 在报表中建立的用来显示字段、内存变量或其他表达式内容的控件是_____。

8. 设计报表时用来管理数据源的环境称为报表的_____。

9. 设计多栏报表后，使页面上能真正打印出多个栏目，需要在"页面设置"对话框中将打印顺序设置为_____。

10. 设计多栏报表后，当确定了分栏"列数"后，在报表设计器中将添加列标头和_____带区。

11. 报表保存在报表文件中，扩展名为_____。

9.4　测试题答案

选择题答案

1. A　2. B　3. A　4. B　5. B　6. B　7. C　8. D　9. B　10. A
11. D　12. A　13. C　14. D　15. B

填空题答案

1. REPORT FORM　　　　　　2. 数据源

3. 通用　　　　　　　　　　4. 组标头

5. 页面设置　　　　　　　　6. 报表设计器

7. 域控件　　　　　　　　　8. 数据环境

9. 自左至右　　　　　　　　10. 列注脚

11. FRX

第10章 综合应用程序开发

10.1 知识要点

1. 项目管理器的使用。
2. 连编应用程序。
3. 综合知识运用。

10.2 典型试题与解析

10.2.1 选择题

【例1】在"项目管理器"下为项目建立一个新报表，应该使用的选项卡是_____。（2006年4月）

A. 数据　　　　　　B. 文档　　　　　C. 类　　　　　　D. 代码

解析： Visual FoxPro 的项目管理器中，"文档"选项卡管理表单、报表和标签等。

答案： B

【例2】如果添加到项目中的文件标识为"排除"，表示_____。（2005年9月）

A. 此类文件不是应用程序的一部分

B. 生成应用程序时不包括此类文件

C. 生成应用程序时包括此类文件，用户可以修改

D. 生成应用程序时包括此类文件，用户不能修改

解析： 项目中只有设置为"包含"的文件在编译时才被组合进应用程序文件中，设置为"排除"的文件不能参与组合，这些设置为"排除"的文件在编译后还作为独立的文件存在。

答案： A

【例3】"项目管理器"的"运行"按钮用于执行选定的文件，这些文件可以是_____。（2005年9月）

A. 查询、视图或表单　　　　　　B. 表单、报表和标签

C. 查询、表单或程序　　　　　　D. 以上文件都可以

解析： "项目管理器"中的"运行"按钮可以运行查询、表单、程序或菜单文件。

答案： C

【例4】扩展名为.PJX 的文件是_____。（2006年9月）

A. 数据库表文件　　　　　　　　B. 表单文件

C. 数据库文件　　　　　　　　　D. 项目文件

答案: D

【例5】向一个项目中添加一个数据库，应该使用项目管理器的_____。（2008年4月）

A. "代码"选项卡   B. "类"选项卡

C. "文档"选项卡   D. "数据"选项卡

答案: D

【例6】关于主文件错误的叙述是_____。

A. 应用程序的入口

B. 最先运行的文件

C. 项目中只能有一个文件设置为主文件

D. 设置某文件为主文件之前，须先将该文件设置为"排除"

解析: 在项目的多个文件中，必须选择一个文件作为主文件，作为整个应用程序的入口点，其任务包括初始化工作、控制事件循环和调用其他子模块等。为了将项目管理器中某文件设置为主文件，首先需要将该文件设置为"包含"。

答案: D

10.2.2 填空题

【例1】项目文件的扩展名是_____。（2004年9月）

答案: PJX

【例2】项目管理器的_____选项卡用于显示和管理数据库、自由表和查询等。（2003年9月）

解析: 在 Visual FoxPro 项目管理器中，"数据"选项卡管理用户建立的数据库、数据库表、自由表和查询等。

答案: 数据

【例3】根据项目文件 mysub 连编生成 APP 应用程序的命令是 BUILD APP mycom _____mysub。（2003年9月）

解析: "BUILD EXE <可执行文件名> FROM <项目名>"命令生成可执行文件；"BUILD APP <应用程序文件名> FROM <项目名>"命令生成应用程序文件。

答案: FROM

【例4】可以在项目管理器的_____选项卡下建立命令文件（程序）。（2006年9月）

解析: 在 Visual FoxPro 项目管理器中，"代码"选项卡管理程序文件、API库和应用文件。

答案: 代码

【例5】连编应用程序时，如果选择连编生成可执行程序，则生成的文件的扩展名是_____。（2007年4月）

答案: EXE

【例6】项目管理器的"数据"选项卡用于显示和管理数据库、查询、视图和_____。（2009年9月）

答案: 表

【例7】将一个项目编译成一个应用程序时，如果应用程序中包含需要用户修改的文件，必须将该文件标为_____。（2008年9月）

答案：排除

10.3 测试题

10.3.1 选择题

1. 在"项目管理器"的_____下可以创建菜单文件或文本文件。

A. "数据"选项卡   B. "文档"选项卡

C. "代码"选项卡   D. "其他"选项卡

2. 在"项目管理器"的_____下可以创建表单文件。

A. "数据"选项卡   B. "文档"选项卡

C. "代码"选项卡   D. "其他"选项卡

3. 在"项目管理器"中右击某文件后，在右侧单击"移去"按钮，在弹出的对话框中选择"删除"后会产生怎样的结果？

A. 该文件被移出项目，文件还存在

B. 该文件被移出项目，同时从磁盘中彻底删除掉

C. 该文件被设置为"排除"文件

D. 该文件不发生任何变化

4. "项目管理器"的"文档"选项卡用于显示和管理_____。

A. 表单、报表和查询   B. 数据库、表单和报表

C. 表单、报表和标签   D. 查询、报表和视图

5. 命令"BUILD APP <应用程序文件名> FROM <项目名>"生成的应用程序文件扩展名为_____。

A. APP   B. EXE   C. TXT   D. PRG

6. "项目管理器"的"数据"选项卡用于显示和管理_____。

A. 表单、报表和查询   B. 数据库、表单和报表

C. 数据库、表和查询   D. 查询、报表和视图

7. 要将某文件作为编译后生成的应用程序的一部分，需要在"项目管理器"中将该文件设置为_____。

A. 排除   B. 包含   C. 主文件   D. 索引文件

10.3.2 填空题

1. 在项目管理器_____选项卡下可以创建查询文件。

2. 在项目管理器_____选项卡下可以创建程序文件。

3. 在项目管理器_____选项卡下可以创建报表文件。

4. 在项目管理器中，通过连编应用程序生成的应用程序文件扩展名为_____。

5. 命令"_____ EXE <应用程序文件名> FROM <项目名>"可以生成可执行文件。

6. 项目管理器的"移去"按钮有两个功能，一是把文件从项目中移去，二是不仅把文件从项目中移去，并且还将文件从磁盘中_____。

7. 在 Visual FoxPro 中，BUILD_____命令连编生成的程序可以脱离开 Visual FoxPro 在 Windows 环境下运行。

10.4 测试题答案

选择题答案
1. D　　2. B　　　3. B　　　4. C　　　5. A　　　6. C　　　7. B
填空题答案
1. 数据　　　　2. 代码　　　　3. 文档　　　　4. APP　　　　5. BUILD
6. 删除　　　　7. EXE